EUL VERLAG

# FGF ENTREPRENEURSHIP-RESEARCH MONOGRAPHIEN

Herausgegeben von Prof. Dr. Heinz Klandt, Oestrich-Winkel, Prof. Dr. Dr. h. c. Norbert Szyperski, Köln, Prof. Dr. Michael Frese, Gießen, Prof. Dr. Josef Brüderl, Mannheim, Prof. Dr. Rolf Sternberg, Hannover, Prof. Dr. Ulrich Braukmann, Wuppertal, und Prof. Dr. Lambert T. Koch, Wuppertal

Band 50
Felix-Michael Weber
**Der Einfluss der Postgründer-Generation auf die Performance** – Eine empirische Analyse deutscher und österreichischer Familienunternehmen
Lohmar – Köln 2005 • 254 S. • € 47,- (D) • ISBN 3-89936-353-1

Band 51
Stefanie Pesch
**Wirtschaftliche Wirkungen von öffentlichen Förderprogrammen für Existenz- und Unternehmensgründungen in Deutschland**
Lohmar – Köln 2005 • 286 S. • € 48,- (D) • ISBN 3-89936-367-1

Band 52
Michael A. Seidel
Unter Mitarbeit von Thomas Hack
**Von der Arbeitslosigkeit in die Selbständigkeit** – Evaluation eines Modellprojekts zur Gründerberatung
Lohmar – Köln 2005 • 294 S. • € 49,- (D) • ISBN 3-89936-390-6

Band 53
Christian King
**Erfolgreiche Marketingstrategien für innovative technologieorientierte Unternehmensgründungen**
Lohmar – Köln 2006 • 356 S. • € 54,- (D) • ISBN 3-89936-444-9

Band 54
Christian Schwens
**Internationalisierung mittelständischer Unternehmen** – Eine empirische Analyse unter Berücksichtigung von Born Globals
Lohmar – Köln 2006 • 78 S. • € 32,- (D) • ISBN 3-89936-473-2

JOSEF EUL VERLAG

Reihe: FGF Entrepreneurship-Research Monographien · Band 54

Herausgegeben von Prof. Dr. Heinz Klandt, Oestrich-Winkel, Prof. Dr. Dr. h. c. Norbert Szyperski, Köln, Prof. Dr. Michael Frese, Gießen, Prof. Dr. Josef Brüderl, Mannheim, Prof. Dr. Rolf Sternberg, Hannover, Prof. Dr. Ulrich Braukmann, Wuppertal, und Prof. Dr. Lambert T. Koch, Wuppertal

Dipl.-Kfm. Christian Schwens

# Internationalisierung mittelständischer Unternehmen

## Eine empirische Analyse unter Berücksichtigung von Born Globals

Mit Geleitworten von Prof. Dr. Heinz Klandt und
Prof. Dr. Tobias Kollmann, FGF,
sowie von Prof. Dr. Rüdiger Kabst, Universität Gießen

EUL VERLAG

**Bibliographische Information der Deutschen Bibliothek**

Die Deutsche Bibliothek verzeichnet diese Publikation in der Deutschen Nationalbibliographie; detaillierte bibliographische Daten sind im Internet über <http://dnb.ddb.de> abrufbar.



ISBN 3-89936-473-2
1. Auflage Mai 2006



Printed in Germany
Druck: RSP, Troisdorf

JOSEF EUL VERLAG GmbH
Brandsberg 6
53797 Lohmar
Tel.: 0 22 05 / 90 10 6-6
Fax: 0 22 05 / 90 10 6-88
E-Mail: info@eul-verlag.de
http://www.eul-verlag.de

**Bei der Herstellung unserer Bücher möchten wir die Umwelt schonen. Dieses Buch ist daher auf säurefreiem, 100% chlorfrei gebleichtem, alterungsbeständigem Papier nach DIN 6738 gedruckt.**

# Geleitwort I

Die vorliegende Arbeit hat sich das Ziel gesetzt, Vorbedingungen, Existenz und Erfolg von so genannten Born Globals theoretisch fundiert zu analysieren. Unter Born Globals sind diejenigen jungen Unternehmen zu verstehen, die in einem außerordentlich kurzen Zeitraum nach ihrer Etablierung bereits Aktivitäten zur Internationalisierung ihrer Geschäftsbeziehungen angehen.

Der Autor dieser Schrift arbeitet basierend auf einem transaktionskostentheoretischen Ansatz, der auch neuere Entwicklungen in der Transaktionskostentheorie explizit berücksichtigt, die treibenden Kräfte dieser aktuellen Entwicklung sehr stringent heraus. Es zeigt sich, dass zu den erfolgsrelevanten Einflussfaktoren insbesondere verschiedenartigste Netzwerkbeziehungen der Unternehmen, das Vertrauen zwischen internationalen Geschäftspartnern und auch die internationalen Erfahrungen der Manager eines Born Globals zu zählen sind. Dabei bleibt das theoretische Modell nicht ungeprüft, sondern bewährt sich im Zuge einer empirischen Studie.

Der Förderkreis Gründungsforschung (FGF) richtet den Schwerpunkt seiner Arbeit auf die Schaffung und Verbesserung der Infrastruktur für die akademische Forschung und Lehre, und legt dabei unter anderen ein besonderes Gewicht auf die Förderung des Nachwuchses. Letzteres geschieht u. a. durch die alljährliche Verleihung des FGF-Diplomarbeitenpreises, mit dem die vorliegende Schrift im Jahr 2005 ausgezeichnet wurde. Entstanden ist die Arbeit am Lehrstuhl für Personalwirtschaft der Universität Paderborn unter der Aufsicht von Prof. Dr. Rüdiger Kabst (jetzt Justus-Liebig-Universität Gießen). Der Autor hat in seiner Arbeit nach Meinung der Jury des FGF-Diplomarbeitenpreises (Prof. Dr. C. Volkmann, Gelsenkirchen, Prof. Dr. Dr. h. c. N. Szyperski, Köln, Prof. Dr. T. Kollmann, Essen, und Prof. Dr. P. Witt, Vallendar) unstrittig Herausragendes geleistet, sodass die Juroren trotz des durchweg hohen Niveaus aller Einreichungen zu einem eindeutigen Ergebnis kommen konnten.

Die Arbeit überzeugt durch ihr methodisches Vorgehen, die Qualität der Analyse und die Stringenz der theoretischen Ausführungen. Ihr ist eine weite Verbreitung zu wünschen.

Prof. Dr. Tobias Kollmann
Juryvorsitzender

Prof. Dr. Heinz Klandt
Präsident des FGF

# Geleitwort II

Die Internationalisierung der Unternehmenstätigkeit ist zum Pflichtprogramm betriebswirtschaftlicher Forschung erwachsen. Trotz der beachtlichen Auseinandersetzung mit dem Phänomen der Internationalisierung fällt die Aufmerksamkeit sowohl der Wissenschaft als auch der Praxis fast ausschließlich auf prominente multinationale Großunternehmen. In einer Zeit, in der die Liberalisierung der Weltmärkte sowie die Informations- und Kommunikationstechnologien die Barrieren für weltweites Handeln gesenkt haben, gewinnt die Internationalisierung jedoch neue, bislang weniger beachtete Facetten. Unternehmen wie Ebay, Conergy, Logitech oder Intershop lassen erkennen, dass es auch zunehmend Start-up-Unternehmen gelingt, bereits sehr frühzeitig internationale Aktivitäten zu entfalten.

Das wissenschaftliche Interesse an der Internationalisierung junger Unternehmen, den so genannten Born Globals, steigt fortwährend; der wissenschaftliche Erkenntnisstand ist bislang jedoch noch wenig entwickelt. Der Beitrag, den Christian Schwens durch die vorliegende Arbeit leistet, ist daher umso bedeutender. Christian Schwens analysiert die Determinanten für die Wahl eines Born Globals (im Gegensatz zu traditionellen mittelständischen Unternehmen) sowie für den Erfolg von Born Globals im Auslandsmarkt theoretisch fundiert und empirisch. Hierbei sind insbesondere die Erweiterung des transaktionskostentheoretischen Gedankengutes sowie die kompetente statistische Analyse anhand von Kettengraphmodellen hervorzuheben. Die Konstrukte Netzwerke, internationale Erfahrung und Vertrauen erweisen sich als richtungsführend für die Erklärung von Born Globals.

Die vorliegende Arbeit stellt eine Bereicherung der wissenschaftlichen Auseinandersetzung dar, welche sowohl in der Forschung als auch in der Praxis auf großes Interesse stoßen wird.

Es lohnt sich, diese Arbeit zu lesen.

Gießen, April 2006 Prof. Dr. Rüdiger Kabst

# Vorwort

Traditionell betrachtet verläuft die Internationalisierung von Unternehmen graduell aus einem stabilen Heimatmarkt heraus. Entgegen dieser Betrachtungsweise wagen Unternehmen jedoch verstärkt direkt ab dem Zeitpunkt ihrer Gründung den Schritt in internationale Märkte.

Dieses Phänomen der Born Globals ist bei mir auf großes Interesse gestoßen. Für mich stellte sich rasch die Frage, wie junge Unternehmen so früh in ihrer Unternehmensgeschichte in der Lage sind, die notwendigen Investitionen einer ausländischen Marktbearbeitung zu stemmen. Obwohl nicht nur die Internationalisierung von Unternehmen, sondern ebenso die Anfertigung einer Diplomarbeit unter Zeitdruck einen ressourcenintensiven und nervenaufreibenden Prozess darstellt, ist mein Interesse an dieser Fragestellung keineswegs abgeflaut. Somit habe ich mich dazu entschlossen das Phänomen früh internationalisierender Unternehmen weiter zu erforschen und widme mich dieser Fragestellung seit Beendigung meines Studiums im Rahmen meiner Doktorarbeit. Die Auszeichnung der Diplomarbeit durch den Förderkreis Gründungsforschung (FGF) bestärkt mich diesen Weg weiter zu gehen und zeigt mir, dass die Fragestellung nicht nur bei mir auf Interesse gestoßen ist. Aus diesem Grunde möchte ich mich ganz herzlich beim Förderkreis Gründungsforschung und insbesondere bei der Jury des Diplomarbeitenpreises für die Auszeichnung bedanken. Es freut mich sehr, dass der Förderung des wissenschaftlichen Nachwuchses durch die FGF insgesamt ein solch hoher Stellenwert beigemessen wird.

In den nächsten Zeilen möchte ich mich bei denjenigen bedanken, die mich bei der Erstellung dieser Arbeit in inhaltlichen, materiellen und sozialen Beziehungen hervorragend unterstützt haben.

Mein ganz besonderer Dank gilt meinem damaligen Betreuer der Diplomarbeit und jetzigen Doktorvater Prof. Dr. Rüdiger Kabst. Er stand mir stets bei allen Fragestellungen sowohl theoretischer als auch empirischer Art zur Seite. Ohne seine Unterstützung wäre es mir nicht möglich gewesen die Arbeit in dieser Form fertig zu stellen. Durch meine jetzige Tätigkeit am Lehrstuhl für Personalmanagement der Justus-Liebig-Universität Gießen bietet Prof. Dr. Kabst mir die Möglichkeit mein Forschungsinteresse weiter zu verfolgen. Nach wie vor steht er mir dabei stets hilfreich und mit seiner vollsten Unterstützung zur Seite.

Mein weiterer Dank gilt meinen Eltern, Eva und Winfried Schwens. Zum einen haben sie mir mein Studium an der Universität Paderborn überhaupt erst ermöglicht, zum anderen standen und stehen sie mir stets bei Problemen und Herausforderungen zur Seite und bekräftigen mich in meinem Handeln.

Gießen, Februar 2006 Christian Schwens

# Inhaltsverzeichnis

# Tabellenverzeichnis



# Abbildungsverzeichnis

# 1 Einführung

## *1.1 Internationalisierung mittelständischer Unternehmen*

Die Zahl grenzüberschreitender Tätigkeiten von Unternehmen ist in den vergangenen Jahren signifikant angestiegen. Sowohl die Verringerung von Handelsbarrieren, als auch die zunehmende Weiterentwicklung von Informations- und Kommunikationstechnologien tragen in einem erheblichen Maße dazu bei, dass auch in Zukunft die Internationalisierung und der länderübergreifende Handel zunehmen werden.[1]

Die Aufmerksamkeit der Wissenschaft und Praxis bei der Erforschung des Themenkomplexes der Internationalisierung galt bisher fast ausschließlich den Großunternehmen, den so genannten Multinational Enterprises (MNEs). Die Internationalisierung von mittelständischen Unternehmen wurde bislang wenig betrachtet. Das Erforschen dieses Themengebietes erscheint jedoch umso wichtiger, da mittelständischen Unternehmen in der Marktwirtschaft eine hohe Bedeutung und eine spezifische Leistungsfähigkeit zugeschrieben wird.[2] Eine Übertragung der bei den MNEs erzielten Forschungsergebnisse auf mittelständische Unternehmungen scheint wenig geeignet, da mittelständische Unternehmen über erheblich geringere Ressourcen verfügen und durch differierende Eigentümerverhältnisse charakterisiert sind.[3]

Im Rahmen dieser Arbeit wird die Internationalisierung mittelständischer Unternehmen als Ausgangspunkt für die Betrachtung eines besonderen Phänomens innerhalb dieses Themenkomplexes angesehen: das Phänomen der „Born Globals“.[4] Bei fortschreitender Globalisierung der Märkte sind vermehrt Unternehmen zu finden, die bedeutend früher internationale Tätigkeiten ergreifen, als es noch vor einigen Jahren üblich war.[5] In den bisherigen Erklärungsansätzen für das Internationalisierungsverhalten von Unternehmen, wird Internationalisierung als ein fortdauernder, stufenweiser Prozess beschrieben, der sich über mehrere

---

1 Vgl. Borsheim, J. H./Solberg, C. A. (2004), S. 2.

2 Vgl. Kaufmann, F. (1996), S. 1

3 Vgl. Kabst, R. (2004), S. 1; Brouthers, K. D./Nakos, G. (2004), S. 229.

4 Neben Born Globals sind in der Literatur u.a. die Begriffsbezeichnungen Global Start-ups, Infant Multinationals und International New Ventures für dieses Phänomen zu finden.

5 Vgl. Shrader, R. C./Oviatt, B. M./McDougall, P. P. (2000), S. 1227.

Zeitperioden erstreckt.[6] Born Globals hingegen stehen „[..] in strong opposition to the traditional models of internationalization.“[7] Sie versuchen, direkt ab dem Zeitpunkt ihrer Unternehmensgründung, eine international ausgerichtete Strategie zu verfolgen.[8] Diese Tatsache wirft zahlreiche Fragestellungen bezüglich der Beweggründe für ein solches Internationalisierungsverhalten auf und stellt die Forschung vor neue Herausforderungen. Das Phänomen der Born Globals impliziert somit neue Aspekte für den Bereich der Unternehmensgründung sowie für die Themengebiete Mittelstand und Internationalisierung.

Vor diesem Hintergrund wird im Folgenden der aktuelle Forschungsstand zur Internationalisierung mittelständischer Unternehmen unter besonderer Berücksichtigung des Phänomens der Born Globals aufgearbeitet und die Zielsetzung und Vorgehensweise der Arbeit abgeleitet.

## *1.2 Aktueller Forschungsstand zum Thema Born Globals und Begriffsabgrenzung*

Nachfolgend wird ein Überblick der wichtigsten Forschungsergebnisse zum Thema Born Globals bzw. verwandte Themengebiete gegeben.[9] Das Interesse am Forschungsfeld der Born Globals begann in den frühen 90er Jahren. Seitdem haben sich zahlreiche Veröffentlichungen mit diesem Phänomen beschäftigt. In Tabelle 1 wird eine chronologische Übersicht derjenigen Veröffentlichungen gegeben, die für die vorliegende Arbeit einen besonders hohen Erkenntnisbeitrag liefern.[10] Dabei werden das Ziel der jeweiligen Studie, die wissenschaftliche Vorgehensweise, die theoretische Fundierung, die empirische Methodik sowie die zentralen Forschungsergebnisse gegenübergestellt.

---

6 Vgl. Johanson, J./Vahlne, J.-E. (1977); Johanson, J./Vahlne, J.-E. (1990).

7 Madsen, T. K./Servais, P. (1997), S. 561.

8 Vgl. Hashai, N./Almor, T. (2004), S. 466.

9 In Anlehnung an Rialp, A. et al. (2002); Hashai, N./Almor, T. (2004) und weitere Quellen.

10 Literatur, die sich nicht explizit mit dem in dieser Arbeit behandelten Thema auseinandersetzt, findet keinen Einzug in die Übersicht. Einige dieser primär empirischen Arbeiten befassen sich mit Modellen zur Beschreibung der Exportentwicklung oder analysieren Einflussgrößen für den Erfolg von Exporttätigkeiten mittelständischer Unternehmen. Für weitere Ausführungen hierzu siehe: Leonidou, L./Katsikeas, C. (1996); Zou, S./Stan, S. (1998); Coviello, N. E./McAuley, A. (1999); Rialp, A./Rialp, J. (2001); Fillis, I. (2001).

| Autor/ Erscheinungsjahr | Ziel der Arbeit | Theoretische Fundierung | Empirische Methodologie | Zentrale Forschungsergebnisse |
|---|---|---|---|---|
| Rennie, M. (1993) | Herleitung der Gründe für den rapiden Anstieg der Anzahl von Born Globals<br>Informationsbasis für zukünftige Handlungsweisen der Politik und für Geschäftsplanungen | Keine theoretische Fundierung | Stichprobe: Born Globals<br>Land: Australien<br>Methode: keine Angabe<br>Stichprobengröße: 700 Unternehmen<br>Rücklauf: 300 Unternehmen<br>Analyseverfahren: quantitativ | Signifikant hohe Anzahl neu gegründeter Unternehmen die rasant internationalisieren<br>Born Globals sind flexible Unternehmungen, die auf ausländische, innovative, wissensintensive Nischenmärkte abzielen |
| Oviatt, B. M./ McDougall, P. P. (1994) | Erklärung und Definition von Unternehmen, die seit der Unternehmensgründung international tätig sind<br>Wie passt dieses Phänomen zu den Theorien der MNEs? | Uppsala Modell der Internationalisierung<br>Entwicklung eines theoretischen Konzeptes, abgeleitet aus dem Uppsala Modell der Internationalisierung | Keine Empirie | Identifizierung vier zentraler Charakteristika für die Internationalisierung von International New Ventures:<br>1)Organisation ist geprägt durch die Internationalisierung einiger Transaktionen<br>2) Starke Orientierung nach alternativen Führungsstrukturen um Zugang zu Ressourcen zu erlangen<br>3) Etablierung ausländischer Standortvorteile<br>4) Kontrolle über einzigartige Ressourcen |
| Oviatt, B. M./ McDougall, P. P. (1995) | Identifikation von Erfolgsfaktoren von Global Start-up-Firmen gegenüber Unternehmensgründungen, die sich auf das Inland fokussieren | Keine explizite theoretische Fundierung<br>(explorative Studie) | Stichprobe: Global Start-ups<br>Land: USA und mehrere europäische Staaten<br>Methode: strukturierte Interviews<br>Stichprobengröße: keine genaue Angabe<br>Rücklauf: keine genaue Angabe<br>Analyseverfahren: qualitativ | Erfolgsfaktoren von Global Start-ups sind:<br>1) Globales Denken zu Beginn der Unternehmensgründung<br>2) International erfahrene Manager<br>3) Starke internationale Netzwerke<br>4) Wettbewerbsvorteil bezogen auf Technologie oder Marketingstrategie<br>5) Unterscheidungskraft der Produkte<br>6) Enge Verbindung zwischen Produkt und Serviceleistungen<br>7) Sehr gute Koordination der globalen Aktivitäten |

**Tabelle 1: Aktueller Forschungsstand**

| Autor/ Erscheinungsjahr | Ziel der Arbeit | Theoretische Fundierung | Empirische Methodologie | Zentrale Forschungsergebnisse |
|---|---|---|---|---|
| Madsen, T. K./ Servais, P. (1997) | Zusammenfassung der bisher erzielten empirischen Ergebnisse über Born Globals<br>Tiefergreifende Interpretation des Phänomens der Born Globals<br>Entwicklung eines neuen Forschungskonzeptes<br>Annahmen über die Entstehung des Phänomens der Born Globals | Uppsala Schule<br>Netzwerkansatz | Keine Empirie | Das Phänomen der Born Globals ist nicht nur im Sektor der High-Tech-Industrie zu finden<br>Netzwerke spielen bei der Internationalisierung von Born Globals eine zentrale Rolle<br>Die Entwicklung eines Born Globals wird durch das Unternehmensumfeld, die Organisation sowie durch die Gründerperson geprägt |
| Burgel, O./ Murray, G. C. (2000) | Analyse der Einflussfaktoren auf Markteintrittsentscheidungen von Start-up-Firmen aus dem High-Tech-Sektor | Uppsala Schule<br>Transaktionskostentheorie<br>Organization Capabilities | Stichprobe: High-Tech Start-up-Unternehmen<br>Land: Großbritannien<br>Methode: schriftliche Befragung<br>Stichprobengröße: 2000 Unternehmen<br>Rücklauf: 466 Unternehmen<br>Analyseverfahren: quantitativ | Markteintrittsentscheidung ist eine Trade-Off-Entscheidung<br>Die organizational capability perspective bietet ein besseres Erklärungsvermögen für das Verhalten junger Start-ups bei der Internationalisierung als die Transaktionskostentheorie und die Uppsala Schule |
| Rasmussen, E. S./ Madsen, T. K./ Evangeliska, F. (2001) | Wie reduziert der Gründer eines Born Globals die Unklarheiten und Uneindeutigkeiten des Internationalisierungsprozesses im Vergleich zu anderen internationalen Unternehmen? | Uppsala Modell<br>Erweiterung durch Netzwerkansatz, Sensemaking | Stichprobe: Born Globals unterschiedlicher Branchen<br>Land: Dänemark und Australien<br>Methode: strukturierte Interviews<br>Stichprobengröße: 5 Unternehmen<br>Rücklauf: 5 Unternehmen<br>Analyseverfahren: qualitativ | Internationalisierung ist kein Resultat strategischer Planung<br>Die Netzwerkbeziehungen waren zu Beginn der Unternehmensgründung nicht von so hoher Wichtigkeit wie erwartet<br>Ein Born Global kann allein durch eine innovative Idee, etwas Erfahrung und ohne Netzwerke gegründet werden |

**Tabelle 1 (2): Aktueller Forschungsstand**

| Autor/ Erscheinungsjahr | Ziel der Arbeit | Theoretische Fundierung | Empirische Methodologie | Zentrale Forschungsergebnisse |
|---|---|---|---|---|
| Moen, Ø. (2002) | Analyse der Unterschiede zwischen Born Globals und den Exportunternehmen, die nicht als Born Globals klassifiziert sind, bezüglich Wettbewerbsvorteil, Exportstrategie, globale Orientierung und Situation des Unternehmensumfelds | keine theoretische Fundierung | Stichprobe: Unternehmen des produzierenden Gewerbes (< 250 Mitarbeiter)<br>Land: Norwegen und Frankreich<br>Methode: schriftliche Befragung<br>Stichprobengröße: 2856 Unternehmen<br>Rücklauf: 405 Unternehmen<br>Analyseverfahren: quantitativ | Zahlreiche neu gegründete Unternehmen sind Born Globals<br>Bezogen auf internationale Orientierung, Exportstrategie, Wettbewerbsvorteil und Marktsituation haben neu gegründete globale Firmen ähnliche Charakteristika wie alte globale Firmen, wohingegen neue und lokale ähnlich zu alten lokalen Firmen sind |
| Sharma, D. D./ Blomstermo, A. (2003) | Beitrag zur Weiterentwicklung der theoriebasierten Erklärungen der Internationalisierungsprozesse von Born Globals leisten | Uppsala Schule<br>Verhaltenstheorie<br>Wissensbasierte Modelle | Keine Empirie | Born Globals besitzen internationale Marktkenntnisse bevor sie in ausländische Märkte eintreten<br>Diese generieren sie aus ihren eigenen Kenntnissen und den Kenntnissen ihrer Netzwerke<br>Der Internationalisierungsprozess hängt vom „Lernen aus Netzwerken“ ab<br>Born Globals sind eher bereit ihre Internationalisierungsstrategie an den Bedürfnissen des Marktes auszurichten |
| Hashai, N./ Almor, T. (2004) | Analyse des Internationalisierungsprozesses<br>Der Internationalisierungsprozess von Born Globals ist durch eine stufenweise ansteigende Bindung an ausländische Märkte gekennzeichnet | Uppsala Schule | Stichprobe: wissensintensive Born Globals<br>Land: Israel<br>Methode: teilstrukturierte Interviews<br>Stichprobengröße: 75 Unternehmen<br>Rücklauf: 75 Unternehmen<br>Analyseverfahren: quantitativ | Die Ergebnisse widersprechen der Uppsala Schule in dem Punkt, dass die in der Stichprobe befindlichen Unternehmen kurz nach Unternehmensgründung einen Teil ihrer Produkte exportiert haben<br>Der Internationalisierungsprozess verläuft sehr viel schneller als im Uppsala Modell |

**Tabelle 1 (3): Aktueller Forschungsstand**

Vor diesem Hintergrund soll im Folgenden das Begriffsverständnis bezüglich des Phänomens der Born Globals abgegrenzt und definiert werden. Im Anschluss daran werden Defizite der bisherigen Forschungsergebnisse bezüglich der Prädiktoren aufgezeigt, die das Phänomen der Born Globals begünstigen.

Das vorherrschende Abgrenzungskriterium für das Phänomen der Born Globals in den bisherigen Veröffentlichungen ist die Zeit von der Gründung bis zur Internationalisierung des Unternehmens. Diese Zeitspanne ist bei Born Globals qua definitione erheblich kürzer als bei traditionellen mittelständischen Unternehmen, d. h. Unternehmen, die erst einige Jahre nach ihrer Gründung internationalisieren.

So werden Born Globals definiert als „a young entrepreneurial firm that is virtually engaged in international business right from inception“[11] und als „[...] firms that engage in significant international activity a short time after being established.”[12] Besteht bezüglich dieser relativ vagen zeitlichen Abgrenzungen weitgehend Einigkeit in den bisherigen Veröffentlichungen, so sind Diskrepanzen in Bezug auf die genaue zeitliche Klassifizierung zu erkennen. BRUSH klassifiziert Born Globals als Unternehmen, die bereits ein Jahr nach Unternehmensgründung internationale Aktivitäten ergreifen.[13] BURGEL/MURRAY definieren global Start-ups als „[...] a legally independent company that is not older than ten years.“[14] Obwohl Born Globals einheitlich als Unternehmen verstanden werden, die sich ab dem Zeitpunkt der Gründung international ausrichten, wird die Klassifizierung durch eine Zeitspanne, die zwischen ein bis zehn Jahren variiert, häufig sehr großzügig gewählt.

Das Abgrenzungskriterium Zeit ist aufgrund der Einfachheit und Genauigkeit der Ermittlung ein geeignetes Kriterium zur Abgrenzung von Born Globals. Aus diesem Grunde wird auch in der vorliegenden Arbeit dieses Kriterium zur Definition herangezogen. Dabei werden Born Globals als Unternehmen definiert, die *im Jahr ihrer Unternehmensgründung internationale Aktivitäten ergreifen.* So kann das Phänomen der Born Globals, welches Internationalisierungsaktivitäten ab dem Zeitpunkt der Unternehmensgründung impliziert, adäquat abge-

---

11 Vgl. Oviatt, B. M./McDougall, P. P. (1994); Knight, G. A./Cavusgil, S. T. (1996).

12 Moen, Ø. (2002), S. 156.

13 Vgl. Brush, C. (1992).

14 Burgel, O./Murray, G. C. (2000), S. 43.

bildet werden. Die internationalen Aktivitäten werden dabei auf die Outputorientierung der Unternehmung beschränkt.

Bei näherer Betrachtung der veröffentlichten Literatur zum Thema Born Globals fällt auf, dass bisher ein geringer Erkenntnisbeitrag für die Prädiktoren, welche dieses Phänomen begünstigen, geleistet wurde. Hier weist der Stand der Forschung Schwächen auf.

OVIATT/MCDOUGALL haben sich bereits mit dieser Fragestellung beschäftigt. Dabei bestimmen sie den Zugang zu Ressourcen materieller und finanzieller Art, zunehmend verbesserte Informationstechnologien sowie die internationale Erfahrung der leitenden Manager als Determinanten für die Gründung eines global Start-up-Unternehmens.[15] Ferner werden häufig Netzwerke als eine wichtige Determinante für den Internationalisierungsprozess von Born Globals genannt.[16] RASMUSSEN zeigt jedoch, dass Netzwerke für den Internationalisierungsprozess von geringerer Wichtigkeit sind, als zunächst erwartet wurde.[17] Insgesamt bleibt jedoch festzuhalten, dass der Erkenntnisstand bezüglich der Prädiktoren, die das Phänomen der Born Globals begünstigen, sehr gering ist und die Forschung diesbezüglich Schwächen aufweist. Vor diesem Hintergrund wird im Folgenden die Zielsetzung der vorliegenden Arbeit formuliert und die Vorgehensweise dargelegt.

## *1.3 Zielsetzung und Gang der Untersuchung*

In Anbetracht des defizitären und heterogenen Forschungsstands zum Phänomen der Born Globals, ist es die Zielsetzung dieser Arbeit, die Prädiktoren und die Existenz sowie den Erfolg von Born Globals bei der Auslandsmarktbearbeitung theoretisch fundiert zu analysieren. Als theoretische Fundierung fungiert eine erweiterte transaktionskostentheoretische Analyse. Dabei wird die Transaktionskostentheorie[18] in Anlehnung an GRANOVETTER[19] und KABST[20] durch das Konstrukt der strukturellen Embeddedness erweitert. Aus der theoretischen Fundierung heraus werden im Analyseteil der Arbeit die Hypothesen als Grundlage

---

[15] Vgl. Oviatt, B. M./McDougall, P. P. (1995).

[16] Vgl. bspw. Oviatt, B. M./McDougall, P. P. (1994); Oviatt, B. M./McDougall, P. P. (1995); Bell, J. (1995); Madsen, T. K./Servais, P. (1997).

[17] Rasmussen, E. S. et al. (2001).

[18] Vgl. Williamson, O. E. (1985).

[19] Vgl. Granovetter, M. (1985).

[20] Vgl. Kabst, R. (2004).

für die anschließende empirische Untersuchung abgeleitet. Im Anschluss daran folgt die empirische Auswertung des Datensatzes. Hierbei handelt es sich um eine Sekundäranalyse auf der Basis von drei aufeinander aufbauenden Datensätzen, die in den Jahren 2000, 2001 und 2002 zum Thema Internationalisierung deutscher mittelständischer Unternehmen erhoben wurden.[21] Die anschließende Interpretation der empirischen Ergebnisse erfolgt unter der Beantwortung der Fragestellungen:

- Welche Prädiktoren können das Phänomen der Born Globals erklären?
- Sind Born Globals in ihren Auslandsaktivitäten erfolgreicher als traditionelle mittelständische Unternehmen?

Die Arbeit endet mit einer abschließenden Betrachtung und kritischen Würdigung der erzielten Ergebnisse.

---

21 Aussagen zu Erhebungsmethode, Stichprobe und weitere Angaben werden zu einem späteren Zeitpunkt im empirischen Teil dieser Arbeit gemacht.

# 2 Theoretische Fundierung

Aus der Übersicht über den aktuellen Forschungsstand zum Themenkomplex der Born Globals ist ersichtlich, dass Internationalisierungsprozesstheorien als Analyserahmen in den Veröffentlichungen dominieren. Zudem ist auffällig, dass Einflussfaktoren wie Netzwerke und andere Umweltfaktoren häufig in die Analysemodelle integriert werden. Neben Internationalisierungsprozesstheorien finden zur Analyse des Internationalisierungsverhaltens von Born Globals -in einem schwächeren Ausmaß- ökonomische Internationalisierungstheorien Anwendung. Im Folgenden soll zunächst auf die Internationalisierungsprozesstheorien und im Anschluss daran auf die ökonomischen Internationalisierungstheorien näher eingegangen werden.

## *2.1 Internationalisierungsprozesstheorien*

„Je nach gewählter Abgrenzung können unterschiedliche Schulen der Forschungsrichtung der Internationalisierungsprozesstheorien zugeordnet werden.“[22] Hierunter werden die Helsinki Schule[23] und die „innovation-related internationalization school“[24] subsummiert. Die wohl bekannteste Schule im Rahmen der Internationalisierungsprozesstheorien ist die Uppsala Schule mit dem Uppsala-Modell der Internationalisierung. Im Folgenden wird dieses Modell näher erläutert und anschließend kritisch beurteilt.[25]

Das Uppsala-Modell der Internationalisierung ist nach der University of Uppsala in Schweden benannt. Als theoretische Fundierung des Modells dient vornehmlich die behavioristische Theorie von AHARONI.[26] Dem Modell zufolge ergibt sich der Internationalisierungsprozess stufenweise aufgrund von Lerneffekten „like rings in the water“[27] und vollzieht sich nicht in großen, spektakulären Schritten. Dabei wird der Grundstein für die Internationalisierung

---

22 Kabst, R. (2004), S. 13.

23 Vgl. hierzu Luostarinen, R. (1994); Welch, L. S./Luostarinen, R. (1988); Korhonen, H./Luostarinen, R./Welch, L. S. (1996).

24 Vgl. Bilkey, W. J./Tesar, G. (1977); Bilkey, W. J. (1978); Cavusgil, S. T. (1980); Reid, S. D. (1981); Czinkota, M. R. (1982).

25 Für einen umfangreichen Überblick über Internationalisierungsprozesstheorien siehe bspw. Perlitz, M. (2000).

26 Vgl. Aharoni, Y. (1966).

27 Madsen, T. K./Servais, P. (1997), S. 561.

durch einen stabilen Heimatmarkt gelegt.[28] Das größte Hindernis für die Internationalisierung sind fehlendes Marktwissen und ein Mangel an verfügbaren Ressourcen. Durch sukzessiven Abbau fehlenden Wissens, werden die Internationalisierungsaktivitäten schrittweise ausgebaut. Nach JOHANSON/WIEDERSHEIM-PAUL erfolgt die Internationalisierung dabei in folgenden Schritten („establishment chain"):[29]

1) keine regelmäßigen Exporte
2) Export über unabhängige Agenten
3) ausländische Vertriebsniederlassungen
4) Errichtung ausländischer Produktionsstätten.

„Die Internationalisierungsaktivitäten korrelieren [..] positiv mit dem gewonnenen Kenntnisstand des Unternehmens."[30] Das Wissen, welches in Bezug auf die Internationalisierungsaktivitäten folglich existentiell ist, kann zum Teil erlernt und gelehrt werden, zum Teil beruht es jedoch auf Erfahrungen des Unternehmens und kann nur durch eigene Unternehmensaktivitäten generiert werden.[31]

Neben der Marktbearbeitungsform ist die regionale Auswahl der Märkte von zentraler Bedeutung für den Internationalisierungsprozess. Das Uppsala-Modell der Internationalisierung unterstellt den Unternehmen ebenfalls eine graduelle Vorgehensweise in ihren Auslandsaktivitäten. Graduell insofern, als dass zunächst die Bearbeitung von Märkten im Vordergrund steht, die bezüglich kultureller, wirtschaftlicher, politischer und rechtlicher Faktoren dem Heimatland relativ nahe zu sein scheinen (Konzept der „psychic distance").[32] Erst mit zunehmender Wissensgenerierung werden Märkte von größerer „psychic distance" in die Auslandsaktivitäten integriert, wobei auch hier die inkrementelle Vorgehensweise nach der „establishment chain" vollzogen wird. So wird über einen lang andauernden Zeitraum, durch ein sukzessives Abbauen von Unsicherheiten, der Internationalisierungsprozess ausgeweitet.

Das Modell hat einen dynamischen Charakter. „Das gegenwärtige Marktwissen und das Engagement in einem Markt beeinflussen die zukünftigen Entscheidungen und die Durchfüh-

[28] Vgl. Johanson, J./Wiedersheim-Paul, F. (1975), S. 306.

[29] Vgl. Johanson, J./Wiedersheim-Paul, F. (1975), S. 307.

[30] Perlitz, M. (2000), S. 130.

[31] Vgl. Perlitz, M. (2000), S. 130 f.

[32] Vgl. Johanson, J./Wiedersheim-Paul, F. (1975), S. 308.

rung der Aktivitäten."[33] Durch ein ständiges Ausweiten des unternehmensinhärenten Wissens, werden Entscheidungen über die Art und die Vorgehensweise bei der Internationalisierung maßgeblich beeinflusst. Die Unternehmung befindet sich folglich in einem fortdauernden Lernprozess.

Obwohl sich das Modell in zahlreichen empirischen Untersuchungen bewährt hat,[34] steigt vermehrt die *Kritik* an dem Ansatz. Kritisiert wird häufig das Marktwissen als einzige erklärende Variable für die inkrementelle, geographische und zeitliche Ausweitung der internationalen Unternehmensaktivitäten.[35] Mit steigender Weiterentwicklung von Kommunikations- und Informationstechnologien, sowie kontinuierlichem Abbau weltweiter Handelsbarrieren wird das Konstrukt der „psychic distance" immer bedeutungsloser. Zudem vernachlässigt der Modellansatz maßgebliche dynamische Faktoren wie den Wettbewerb und das Unternehmensumfeld. Ebenso finden strategische Entscheidungen keine Berücksichtigung bei der Beeinflussung des Internationalisierungsprozesses.[36] Ferner wird kritisiert, dass ein lineares Modell ein komplexes, dynamisches, interaktives und oftmals nicht-lineares Verhalten nicht erklären könne.[37]

Bezogen auf das Konstrukt der Born Globals wirken diese Kritikpunkte noch schwerwiegender. Born Globals internationalisieren innerhalb kürzester Zeit nach Unternehmensgründung auf diverse Stufen der „establishment chain". Ein Erklärungsbeitrag für das von Born Globals typische Überspringen von Internationalisierungsstufen kann das Uppsala-Modell der Internationalisierung bei Weitem nicht leisten. Die Variable „Wissen" als alleinige Erklärungsvariable für den Internationalisierungsprozess von Born Globals heranzuziehen, erscheint als zu deterministisch. Die Prädiktoren für das Phänomen der Born Globals sind vielfältiger. Auch BURGEL/MURRAY stellen fest, dass „[...] stage models of internationalization are frequently criticized for being too deterministic and for failuring to take firm-specific

---

[33] Perlitz, M. (2000), S. 131.

[34] Vgl. Perlitz, M. (2000), S. 131.

[35] Siehe hierzu bspw. Oviatt, B. M./McDougall, P. P. (1994); Perlitz, M. (2000).

[36] Vgl. Kabst, R. (2004), S. 15 f.

[37] Vgl. Bell, J. (1995), S. 71.

factors other than experience into account."[38] Versuche, den Netzwerkgedanken in das Modell zu integrieren, zeigen zwar erste Erfolge,[39] der Versuch Ausnahmefälle der Gültigkeit des Modells in den Ansatz zu integrieren, ist jedoch auf starke Kritik gestoßen. Zudem sehen die Hauptvertreter der Theorie keine große Notwendigkeit, eine fundamentale Erweiterung der Theorie vorzunehmen. Sie fordern zwar zu Weiterentwicklungen und zukünftiger Forschung auf Basis des Modells auf, Anzeichen für ein Aufbrechen der erheblich starren Restriktionen zeigen sich jedoch nicht.[40] Aufgrund dieses starken Determinismus und des hohen Maßes an Restriktionen des Modells, scheint dieser Ansatz wenig geeignet, um die Prädiktoren, die zum Phänomen der Born Globals führen, angemessen zu analysieren.

## *2.2 Ökonomische Internationalisierungstheorien*

Aufgrund des wenig befriedigenden Forschungsstands zum Phänomen der Born Globals, ist es das Anliegen der vorliegenden Arbeit, einen alternativen Erklärungsansatz, nämlich, die in der Forschung zur Internationalisierung mittelständischer Unternehmen stark dominierenden, ökonomischen Internationalisierungstheorien in den Fokus der Analyse zu stellen.[41]

Diese Forschungsrichtung basiert entweder direkt[42] auf der Transaktionskostentheorie oder in Bezug auf multinationale Unternehmen als so genannte Internalisierungstheorie.[43] Das elektische Paradigma fällt ebenso unter die ökonomischen Internationalisierungstheorien.[44] Die Transaktionskostentheorie als zentraler Ansatz im Rahmen der ökonomischen Internationalisierungstheorien soll im Folgenden näher betrachtet werden. Zunächst erfolgen eine Erläuterung des Wesens der Transaktionskostentheorie sowie deren kritische Beurteilung. Hierauf aufbauend werden Möglichkeiten zur Weiterentwicklung der Theorie aufgezeigt, um eine theoretische Fundierung für die Analyse der Prädiktoren, die zum Phänomen der Born Globals führen, zu schaffen.

---

38 Burgel, O./Murray, G. C. (2000), S. 37.

39 Vgl. bspw. Johanson, J./Vahlne, J.-E. (1990); Rasmussen, E. S./Madsen, T. K./Evangeliska, F. (2001).

40 Vgl. bspw. Johanson, J./Vahlne, J.-E. (1990), S. 22.

41 Vgl. bspw. Coviello,N. E./McAuley, A. (1999) ; Lau, H.-F. (1992) ; Zafarulla, M./Ali, M./Young, S. (1998).

42 Vgl. Williamson, O. E. (1975); Williamson, O. E. (1985); Williamson, O. E. (1996).

43 Vgl. Buckley, P. J./Casson, M. (1976); Buckley, P. J./Casson, M. (1979); Buckley, P. J./Casson, M. (1985); Buckley, P. J./Casson, M. (1993); Buckley, P. J./Casson, M. (1998).

44 Vgl. Dunning, J. H. (1977); Dunning, J. H. (1979); Dunning, J. H. (1980); Dunning, J. H. (1988); Dunning, J. H. (1993); Dunning, J. H. (1995); Dunning, J. H. (2000).

## *2.2.1 Wesen der Transaktionskostentheorie*

Zur Vorstellung des Wesens der Transaktionskostentheorie werden zunächst das Erkenntnisinteresse der Theorie und deren Grundannahmen beschrieben. Im Anschluss daran erfolgt eine Erläuterung der Verhaltensannahmen und der Charakteristika der Transaktion, ehe der Abschnitt mit einer kritischen Beurteilung schließt.

Die Transaktionskostentheorie gehört wie die Theorie der Verfügungsrechte und die Agenturtheorie zur Theoriefamilie der Neuen Institutionenökonomie, in deren Mittelpunkt Institutionen wie beispielsweise Märkte, Organisationen und Rechtsnormen stehen.

Das Erkenntnisinteresse der Transaktionskostentheorie besteht darin, zu erklären, warum in bestimmten institutionellen Arrangements bestimmte Transaktionen mehr oder weniger effizient abgewickelt werden. Untersuchungseinheit bildet dabei die Transaktion, welche als die Übermittlung von Verfügungsrechten an einer Ware oder einer Dienstleistung definiert ist.[45] Das institutionelle Arrangement ist durch die grundlegende rechtliche Vertragsform und durch den zwischen beiden Vertragsparteien vereinbarten Mechanismus zur Reaktion auf ungeplante Veränderungen begründet. Anhand der Transaktionskostentheorie soll der effiziente Einsatz von knappen Ressourcen bewertet werden. Als Vergleichsmaßstab dienen dabei zum einen die Produktionskosten, welche den Ressourcenverzehr bei der Erstellung eines Gutes oder einer Dienstleitung darstellen und zum anderen die Transaktionskosten, welche aus der Organisation und Durchführung einer Tauschhandlung resultieren. Gesucht wird das institutionelle Arrangement, mit dem die kumulierten Transaktions- und Produktionskosten unter Effizienzgesichtspunkten am niedrigsten sind.[46]

Die Transaktionskosten umfassen alle Aufwendungen, die für eine erfolgreiche Umsetzung der vereinbarten Leistungsvereinbarungen aufzubringen sind.[47] Sie werden subsummiert in ex post und ex ante anfallende Transaktionskosten.[48] Ex ante-Transaktionskosten umfassen Anbahnungskosten (z. B. Informationskosten, Reisekosten) und Vereinbarungskosten (z. B. Vertragsverhandlungskosten, Koordinationskosten) und können als die Aufwendungen beschrie-

---

[45] Vgl. Picot, A./Dietl, H./Franck, E. (2002), S. 68.

[46] Vgl. Williamson, O. E. (1985), S. 22.

[47] Vgl. Picot, A./Dietl, H./Franck, E. (2002), S. 68.

[48] Vgl. Williamson, O. E. (1985), S.20 ff.

ben werden, die bis zu einer abschließenden Vertragsformulierung anfallen.[49] Ex post-Transaktionskosten implizieren Kosten der Kontrolle (z. B. Qualitätsüberwachung, Kontrolle der Einhaltung von Terminen) und Anpassungskosten (z. B. nachträgliche Preisanpassungsverhandlungen) und sind die Kosten, „[...] die für die Absicherung, Durchsetzung und eventuelle Anpassung der vertraglichen Vereinbarungen entstehen."[50] Insgesamt handelt es sich folglich vornehmlich um Informations- und Kommunikationskosten, die sowohl vor als auch nach Vertragsabschluss anfallen.[51] Der Fokus der Transaktionskostentheorie liegt auf den ex post-Transaktionskosten, den Kosten der Überwachung, Anpassung und Durchsetzung der Transaktion.[52]

Der Transaktionskostentheorie liegen zwei grundlegende Verhaltensannahmen zugrunde: *beschränkte Rationalität* und *Opportunismus*.[53]

Die Annahme beschränkter Rationalität resultiert aus der Tatsache, dass Individuen zwar rational handeln wollen, aufgrund fehlender Informationsverarbeitungskapazitäten und kommunikativer Probleme jedoch nur bedingt dazu in der Lage sind.[54]

Die Annahme des Opportunismus impliziert, dass Individuen in Vertragsverhandlungen bereit sind, ihre eigenen Interessen auch auf Kosten anderer Akteure durchzusetzen und dabei unter Umständen gegen bestehende Normen oder Verhaltensregeln zu verstoßen. Dabei wird die Möglichkeit des Einsatzes von List, Täuschung oder Zurückhaltung von Informationen nicht ausgeschlossen.[55] In Situationen, in denen das Sanktionspotential der anderen Akteure aufgrund beschränkter Rationalität gering oder minimal ist, ist der Anreiz zu opportunistischem Verhalten aufgrund mangelnder Kontrollmöglichkeiten des Vertragspartners umso höher. So bedingt die Annahme der beschränkten Rationalität unter Umständen eine opportunistische Verhaltensweise.

Aus diesen beiden Verhaltensannahmen entstehen die grundlegenden Probleme bei Vertragsabschlüssen. So lässt sich aus den Annahmen begrenzter Rationalität und opportunistischen

---

49 Vgl. Picot, A./Dietl, H./Franck, E. (2002), S. 68.

50 Ebers, M./Gotsch, W. (2002), S. 225.

51 Picot, A./Dietl, H. (1990), S. 178.

52 Vgl. Göbel, E. (2002), S. 130.

53 Williamson führt noch eine dritte, selten erwähnte Verhaltensannahme der Risikoneutralität an, die in der folgenden Erläuterung vernachlässigt wird.

54 Vgl. Picot, A./Dietl, H. (1990), S. 179.

55 Kieser, A./Walgenbach, P. (2003), S. 52.

Verhaltens die folgende Handlungsmaxime für die Vertragsparteien ableiten: „Organisiere Deine Transaktionen so, dass Dir aus Deiner begrenzten Rationalität möglichst geringe Kosten entstehen, und versuche gleichzeitig, Dich vor möglichem opportunistischen Verhalten Deines Vertragspartners zu schützen!“[56]

Wie bereits erwähnt, wird das institutionelle Arrangement gesucht, mit dem die Abwicklung von Transaktionen transaktionskosteneffizient gestaltet werden kann. Dabei fließen nicht nur monetäre Bewertungsgrößen in die Evaluation, sondern auch schwer zu messende Größen, wie z.B. benötigte Informationen über potentielle Lieferanten, mit ein. Es besteht folglich ein Operationalisierungsproblem. Die Transaktionskostentheorie löst dieses Problem unter anderem durch die Einführung der im Folgenden erläuterten Charakteristika der Transaktion.

Die Charakteristika der Transaktion lauten: *Spezifität, Unsicherheit und Häufigkeit.*[57] WILLIAMSON beschreibt dabei „asset specificity [a]s the big locomotive to which transaction cost economics owes much of its predictive content [...].“[58] Er führt weiter an, dass die Bedeutung der Faktorspezifität für die Transaktionskostentheorie kaum hoch genug veranschlagt werden kann.[59] Zahlreiche wissenschaftliche Untersuchungen zur Wahl internationaler Markteintrittsstrategien werden durch einen Fokus auf das Konstrukt der Faktorspezifität dominiert.[60] Auch BURGEL/MURRAY beschränken sich in ihrer transaktionskostentheoretischen Analyse der internationalen Markteintrittsstrategien von Start-up-Unternehmen auf das Charakteristikum der Faktorspezifität.[61] Aus diesem Grunde wird auch in der vorliegenden Arbeit der Fokus sowohl bei der Erläuterung des Wesens der Transaktionskostentheorie als auch der anschließenden theoretischen Analyse der Prädiktoren, die zum Phänomen der Born Globals führen, auf Spezifität gelegt. Unsicherheit und Häufigkeit werden aus Gründen der Vollständigkeit im Folgenden kurz beschrieben, finden in der anschließenden Analyse jedoch keine Berücksichtigung.

Je stärker eine Investition auf eine bestimmte Transaktion zugeschnitten ist, desto höher ist ihr Spezifitätsgrad. Mit steigender *Spezifität* steigt auch das Abhängigkeitsverhältnis zwischen

---

56 Ebers, M./Gotsch, W. (2002), S. 227 (im Original kursiv).

57 Vgl. Williamson, O. E. (1985), S. 52 ff.

58 Williamson, O. E. (1985), S. 53.

59 Vgl. Williamson, O. E. (1985), S. 64.

60 Vgl. bspw. Delios, A./Beamish, P. W. (1999), S. 916; Erramilli, M. K./Rao, C. P. (1993), S. 21; Wheeler, C./Jones, M./Young, S. (1996), S. 41.

61 Vgl. Burgel, O./Murray, G. C. (2000).

zwei Vertragsparteien. „Spezifität bedeutet Einmaligkeit und Nicht-Austauschbarkeit eines Gutes oder einer Leistung.“[62] Es wird, ohne Anspruch auf Vollständigkeit zu erheben, zwischen sechs Arten von Spezifität unterschieden:[63] 1) standortspezifische Investitionen (z. B. Bau eines Zuliefererwerkes in unmittelbarer Nähe zum Kunden), 2) anlagenspezifische Investitionen (z. B. Maschinen zur Herstellung von Pressformen, die nur für die Erstellung eines spezifischen Produktes eingesetzt werden können), 3) Humankapitalspezifität (z. B. angeeignetes Wissen eines Mitarbeiters, welches spezifisch auf seine Aufgaben zugeschnitten ist), 4) abnehmerspezifische Investitionen (z. B. Investitionen für die Bearbeitung eines spezifischen Auftrags eines besonderen Kunden), 5) Investitionen in die Reputation (z. B. Investitionen in den Aufbau eines Markennamens), 6) Zeitspezifität (z. B. Güter für die Just-in-Time Produktion). Mit spezifischen Faktoren kann der Wert der Transaktionen erheblich steigen.[64] So können beispielsweise Transportkosten, Produktionskosten oder Mitarbeiterkosten gespart werden. Allerdings ist ein hohes Maß an Spezifität auch mit Nachteilen behaftet.

Das spezifische Abhängigkeitsverhältnis zweier Vertragsparteien kann bei beschränkter Rationalität zu höheren Transaktionskosten führen und zwar dann, wenn die andere Vertragsseite die Abhängigkeit der einen Vertragsseite opportunistisch durch vertragliche Nachverhandlungen (z. B. Forderung nach niedrigeren Preisen) ausnutzt. Ein Wechsel des Transaktionspartners ist für den einen Transaktionspartner nur möglich, wenn er schlechtere Bedingungen, d. h. höhere Kosten oder geringere Erlöse akzeptiert. Aufgrund dieser Opportunitätskosten wird er bereit sein, z. B. einen niedrigeren Preis einzugehen und zwar in Höhe seiner Quasi-Rente, d. h. in Höhe der Differenz zwischen der geplanten und der zweitbesten Verwendung einer Ressource.[65]

Aus diesen durch vertragliche Nachverhandlungen entstehenden Konflikten resultieren für beide Vertragsparteien nach Vertragsabschluss Kosten, die so genannten ex post-Transaktionskosten. Diese stellen für die eine Vertragsseite die Kosten der Anpassung und Durchsetzung der gewünschten vertraglichen Nachverhandlungen dar. Für die andere Vertragsseite entstehen Kosten, um sich vor einem opportunistischen Verhalten der Gegenseite zu schützen.

---

62 Göbel, E. (2002), S. 137.

63 Vgl. Williamson, O. E. (1991), S. 281.

64 Vgl. Göbel, E. (2002), S. 140.

65 Vgl. Picot, A./Dietl, H. (1990), S. 179.

Insgesamt gilt hierbei: Je höher die spezifischen Transaktionskosten, desto höher die daraus resultierenden Transaktionskosten.

*Unsicherheit* ist eine Voraussetzung für die Existenz beschränkter Rationalität.[66] Die Vorhersehbarkeit und das Ausmaß notwendiger Änderungen der Leistungsvereinbarung während einer Transaktion können durch das Ausmaß an Unsicherheit ausgedrückt werden.[67] WILLIAMSON[68] unterscheidet zwischen parametrischer Unsicherheit und Verhaltensunsicherheit. Erstere drückt die Unsicherheit über die Umweltbedingungen der Transaktion und deren Prognose für die Zukunft aus. So können Transaktionen beispielsweise durch Naturkatastrophen oder eklatante Preisveränderungen erheblich beeinflusst werden. Verhaltensunsicherheit besteht aufgrund von Informationsasymmetrien und begrenzter Rationalität, wodurch sich die Möglichkeit opportunistischen Verhaltens ergibt.

Zur Vervollständigung der Charakteristika der Transaktion sei erwähnt, dass sich mit zunehmender *Häufigkeit* der Abwicklung von Transaktionen eher Synergie- und Skaleneffekte realisieren lassen. So kommt es zu einem Sinken der Produktions- und Transaktionskosten. „Der Einfluß der Häufigkeit ist aber nachrangig."[69] Bei unspezifischen Produkten beispielsweise, die strategisch keine große Relevanz besitzen (z. B. Standardschrauben) kommt es zu keinen besonderen Sicherungsproblemen zwischen den Vertragspartnern. Die Differenz zwischen der geplanten Transaktion und der zweitbesten Verwendung ist so gering, dass jeder Transaktionspartner ohne große Nachteile bei Bedarf wechseln kann.[70]

### *2.2.2 Kritik zur Transaktionskostentheorie*

Die Transaktionskostentheorie hat einen hohen Erkenntniszuwachs und Beitrag für die Organisationsforschung und -lehre geleistet. Ihre Aussagen und Verhaltensannahmen haben sich weitgehend empirisch bewährt, so dass der Ansatz einen erklärungskräftigen und anwendungsorientierten Bezugsrahmen darstellt.[71]

---

66 Vgl. Picot, A./Dietl, H. (1990), S. 179.

67 Vgl. Picot, A./Dietl, H./Franck, E. (2002), S. 70.

68 Williamson, O. E. (1985), S. 87 ff.

69 Picot, A./Dietl, H./Franck, E. (2002), S. 72.

70 Vgl. Picot, A./Dietl, H./Franck, E. (2002), S. 72.

71 Vgl. Picot, A./Dietl, H. (1990), S. 183.

Dennoch weist die Theorie zahlreiche Schwachstellen und *Kritikpunkte* auf, von denen im Folgenden einige aufgeführt werden sollen.[72]

Neben allgemeinen Kritikpunkten, wie bspw. der fehlenden Möglichkeit der Operationalisierung der Transaktionskosten und der Problematik der Messung der Variablen, weist die Transaktionskostentheorie weitere Schwächen auf, die insbesondere in Bezug auf die Prädiktoren, die zum Phänomen der Born Globals führen, als kritisch anzusehen sind. Diese Schwächen werden im Folgenden näher erläutert, indem zunächst die Vernachlässigung von Netzwerkaspekten betrachtet wird. Im Anschluss daran wird auf den statischen Charakter der Theorie und die damit einhergehende Vernachlässigung von Erfahrungen und Lerneffekten eingegangen und zudem das enge Begriffsverständnis des Opportunismus kritisiert, welches zu der Vernachlässigung von Vertrauensaspekten führt. Abschließend wird auf die fehlende Berücksichtigung des Umfeldes, in dem die Transaktionen abgewickelt werden (Embeddedness), eingegangen.

Dem komplexen Charakter von *Kooperations- und Netzwerkformen* wird durch die Transaktionskostentheorie bislang nicht genügend Rechnung getragen.[73] Analyseeinheit der Theorie ist die einzelne Transaktion. Interdependenzen zwischen mehreren Transaktionen werden vernachlässigt und finden keine Berücksichtigung bei der Bewertung der Effizienz einer Transaktion in einem bestimmten institutionellen Arrangement. So können Beziehungen, die zwischen mehreren Netzwerkpartnern über einen längeren Zeitraum bestehen, nicht über die Theorie abgebildet werden. Durch Netzwerke können jedoch Ressourcen von Netzwerkpartnern genutzt werden, was die Effizienz einer Transaktion erheblich beeinflussen kann.[74] Netzwerke stellen somit eine Option zur Überwindung von Ressourcenknappheit dar.

Als weiterer Kritikpunkt lässt sich die fehlende Dynamik der Theorie aufführen, welche mit der Vernachlässigung von Netzwerken einhergeht. Durch den komparativ statischen Charakter der Theorie können organisationales Lernen und Erfahrungen nicht erklärt werden. Dies ist jedoch für die Analyse der dynamischen Prädiktoren, die zum Phänomen der Born Globals führen, unabdingbar. So impliziert der statische Charakter der Transaktionskostentheorie eine

---

72 Neben diesen Kritikpunkten werden noch eine Reihe weiterer Schwachstellen der Transaktionskostentheorie identifiziert. Vgl. hierzu bspw. Ebers, M./Gotsch, W. (2002); Picot, A./Dietl, H. (1990); Göbel, E. (2002).

73 Vgl. Kabst, R. (2004), S. 22.

74 Vgl. Oviatt, B. M./McDougall, P. P. (1995), S. 36.

Vernachlässigung von *Pfadabhängigkeiten.*[75] Das bedeutet, dass Auswirkungen bestimmter Prädiktoren auf die Unternehmensentwicklung anhand der Theorie nicht untersucht werden können.

Zudem wird die Verhaltensannahme des Opportunismus im Rahmen der Transaktionskostentheorie häufig als zu einfach und restriktiv kritisiert.[76] Für Vertragspartner, die an einer langfristigen Vertragsbeziehung interessiert sind, oder denen durch opportunistisches Verhalten ein Reputationsverlust gegenüber Dritten droht, ist eine opportunistische Verhaltensweise nicht rational. Die Transaktionskostentheorie vernachlässigt solche *Vertrauensaspekte*, welche das Auftreten opportunistischen Verhaltens erheblich reduzieren und in Bezug auf das Internationalisierungsverhalten junger Unternehmen eine große Rolle spielen.

Als letzter Kritikpunkt ist anzuführen, dass sich die Theorie in ihrem Analyserahmen auf mikroökonomische Aspekte fokussiert. So wird eine Eingliederung des institutionellen Arrangements in die Umwelt vernachlässigt. Der Bezug zu sozialen, historischen, rechtlichen und politischen Aspekten wird kaum berücksichtigt. Dabei wird gerade die Embeddedness von Transaktionen in soziale Beziehungen in der Transaktionskostentheorie zu wenig beachtet.[77] Dies geht mit der Vernachlässigung von Netzwerkaspekten und der fehlenden Berücksichtigung von Vertrauen in der Theorie einher. Die Transaktionskostentheorie kann in ihrer ursprünglichen Form den Anforderungen, die sich aus der Zielsetzung der Arbeit ergeben, folglich nicht gerecht werden.

WILLIAMSON selbst hat die oben angeführte Kritik erkannt und fordert eine Erweiterung der Transaktionskostentheorie. „[T]ransaction cost economics needs to be refined and extended. It needs to be qualified and focused. It needs to be tested empirically.“[78] Eine dynamische Konstruktion, sowie die Anreicherung der Theorie mit Lerneffekten, könne die Transaktionskostentheorie erheblich bereichern.[79]

Zur Erklärung der Prädiktoren, die das Phänomen der Born Globals begünstigen, scheint die Transaktionskostentheorie gerade bezogen auf die Kritik der Vernachlässigung von Netzwerken, der fehlenden Dynamik, der Vernachlässigung von Vertrauensaspekten sowie der

---

75 Vgl. Kabst, R. (2004), S. 21.

76 Vgl. Gulati,R./Singh,H. (1998), S. 790.

77 Vgl. Granovetter, M. (1985), S. 495.

78 Williamson, O. E. (1992), S. 349.

79 Vgl. Williamson, O. E. (1999), S. 1101 ff.

fehlenden Berücksichtigung des strukturellen Umfeldes der Unternehmung, wesentliche Defizite aufzuweisen. Eine Weiterentwicklung der Theorie und eine Ergänzung um Netzwerk-, Vertrauens- und Embeddedness-Aspekte erscheinen folglich sinnvoll. Hauptvertreter der Theorie stehen einer Weiterentwicklung in diese Richtung offen gegenüber.[80] Die Wissenschaft hat bereits erste Schritte zur Weiterentwicklung der Transaktionskostentheorie unternommen, welche im Folgenden mit Blick auf die Analyse des Phänomens der Born Globals näher erläutert werden.

### *2.2.3 Weiterentwicklung der Transaktionskostentheorie*

Nachfolgend soll eine Möglichkeit zur Weiterentwicklung der Transaktionskostentheorie aufgezeigt werden. Dies erfolgt in Anlehnung an KABST[81] und GRANOVETTER[82] anhand des Konstruktes der strukturellen Embeddedness.[83] Für eine Erweiterung der Transaktionskostentheorie in Bezug auf die oben aufgeführten Kritikpunkte, kann das Konzept der Embeddedness einen erheblichen Beitrag leisten.[84]

Nach einer kurzen Einordnung des Konzeptes der strukturellen Embeddedness schließt sich eine Erläuterung der Charakteristika der Theorie an. Dabei wird explizit auf die Aspekte Netzwerke und Vertrauen, sowie auf Erfahrung und das Umfeld der Organisation (Embeddedness) eingegangen.

Das Konzept der Embeddedness gehört der Theorierichtung der „New Economic Sociology“ an, welche zwischen drei Grundannahmen unterscheidet:[85] 1) Akteure treffen ihre Entscheidungen nicht isoliert voneinander, sondern berücksichtigen soziale Beziehungen. Stattdessen ist ihr Handeln durch ein Netzwerk sozialer Beziehungen gekennzeichnet; 2) ökonomische und nicht-ökonomische Ziele sind Bestandteile ökonomischen Handelns; 3) Institutionen ökonomischer Art sind sozial konstruiert.

---

80 Vgl. bspw. Williamson, O. E. (1992), S. 349.

81 Vgl. Kabst, R. (2004).

82 Vgl. Granovetter, M. (1985).

83 Granovetter fokussiert sich in seinen Ausführungen zum Embeddedness Konzept ausschließlich auf das Konstrukt der strukturellen Embeddedness. Kabst hingegen unterscheidet zwischen struktureller und institutioneller Embeddedness. Hier soll der Fokus auf das Konstrukt der strukturellen Embeddedness gelegt werden, da sich die Ausführungen der institutionellen Embeddedness in Bezug auf Born Globals nicht als besonders relevant erwiesen haben.

84 Vgl. Kabst, R. (2004), S. 26.

85 Vgl. Granovetter, M. (1992), S. 270.

Die Grundannahme des Konzeptes der strukturellen Embeddedness lautet, dass ökonomische Beziehungen und Institutionen auf Netzwerken basieren, d. h. auf Freundschaft, Vertrauen und gutem Willen.[86] Durch *Netzwerke* werden überdauernde Austausche zwischen zwei oder mehr Transaktionspartnern ermöglicht und Lerneffekte generiert.[87] Ökonomische Netzwerke sind dadurch charakterisiert, dass die Akteure „[...] are engaged in repeated exchange that helps sustain cooperaton/collusion."[88] So ist es möglich Zugänge zu Ressourcen zu erlangen, über die der Netzwerkpartner verfügt und somit können Restriktionen überwunden werden. Zudem können über Netzwerke Informationsasymmetrien abgebaut und Unsicherheiten reduziert werden. Dabei gilt, je intensiver die Netzwerkbeziehungen unter den Netzwerkpartnern sind, desto größer sind der Umfang nutzbarer Ressourcen und zugänglicher Informationen.

Eng verbunden mit dem Aspekt der Netzwerke und ein weiteres zentrales Charakteristikum der strukturellen Embeddedness ist das *Vertrauen.*[89] Wird innerhalb von Netzwerken fehlendes Wissen eines Netzwerkpartners opportunistisch ausgenutzt, so würde sich dies negativ auf den Ruf der Organisation innerhalb des Netzwerkes auswirken. Folglich ist opportunistisches Verhalten innerhalb eines Netzwerkes nicht rational. Durch Vertrauen wird die Wahrscheinlichkeit opportunistischen Verhaltens reduziert und somit ein hohes Maß an Sicherheit für die Transaktion gewährleistet. Vertrauen geht über vertragliche Sicherungsmechanismen hinaus und wirkt für die einzelnen Netzwerkmitglieder normierend.

Ökonomische Institutionen sind sozial konstruiert. Dies bezieht sich sowohl auf die intraorganisationale als auch auf die inter-organisationale Beziehungsstruktur. Innerhalb der Organisation agieren Individuen mit unterschiedlichen *Erfahrungen* und Kenntnissen untereinander. Durch die Interaktion der Mitglieder der Organisation werden dieses unterschiedliche Wissen und die verschiedenen Erfahrungen ausgetauscht. Zudem steht eine Organisation oder Institution in ständigem Kontakt zu seinem inter-organisationalen Umfeld. Auch hier bestehen differierende Informationen und Erfahrungen, die sich in einem ständigen Austausch befinden. Neben den Aspekten der Netzwerke und des Vertrauens wird zudem durch die *Embeddedness* der Institution bzw. deren inter-organisationaler Struktur der Organisation ein

---

86 Vgl. Richter, R. (2002), S. 3.

87 Vgl. Richter, R. (2002), S. 6.

88 Rauch, J. E. (2001), S. 1179.

89 Brouthers, K. D./Brouthers, L. E. (2003), S. 1180.

dynamischer Charakter verliehen.[90] So können durch das Konzept der Embeddedness Informationsasymmetrien und Unsicherheiten durch frühere Erfahrungen kompensiert werden.[91] Diese Erfahrungen können explizit aus der Vergangenheit der Organisation oder deren Mitgliedern resultieren.

Nachdem die Charakteristika der strukturellen Embeddedness (Netzwerke, Vertrauen, Erfahrung) erläutert wurden, folgt die Integration dieses Konzeptes in die Transaktionskostentheorie. Eine Vereinbarung zwischen Transaktionskostentheorie und struktureller Embeddedness scheint möglich, da die Verhaltensannahme der beschränkten Rationalität ebenso dem Konzept der Embeddedness von GRANOVETTER zugrunde liegt.[92] Zudem lässt sich das Konstrukt der Spezifität in die strukturelle Embeddedness integrieren. Dies ist durch „[...] eine Erweiterung in Richtung network asset specificity oder coalition specific assets [..]"[93] möglich.

Wie bereits in der Kritik zur Transaktionskostentheorie erwähnt, vernachlässigt diese den Aspekt von Netzwerken und sozialen Beziehungen. Sie nimmt an, dass sich institutionelle Arrangements so entwickeln, dass der Nettonutzen einer Transaktion automatisch maximiert wird.[94] Im Rahmen des Embeddedness Konzeptes werden Märkte jedoch als soziale Geflechte und nicht als spontane Ergebnisse einer dyadischen Transaktion gesehen. Ihre Existenz hängt von den Koordinationskosten ab, die für jede individuelle Entscheidungsfindung unter Unsicherheit und begrenzter Rationalität anfallen.[95] Folglich können soziale Beziehungen zwischen Akteuren und somit die soziale Struktur von Märkten nicht unberücksichtigt bleiben.[96] Die strukturelle Embeddedness greift diesen Gedanken, ebenso wie den von der Transaktionskostentheorie vernachlässigten Vertrauensaspekt auf und setzt diese in einen rationalen Zusammenhang. Eine Erweiterung der Transaktionskostentheorie erscheint folglich sinnvoll, da „[..] the embeddedness account may be more useful in explaining the large number of small establishments not characterized by satellite or peripheral status."[97]

---

90 Richter, R. (2001), S. 9 f.

91 Vgl. Rooks, G. et al. (2000), S. 129.

92 Vgl. Kabst, R. (2004), S. 37.

93 Kabst, R. (2004), S. 37.

94 Vgl. Richter, R. (2002), S. 3.

95 Vgl. Richter, R. (2002), S. 30.

96 Vgl. Kabst, R. (2004), S. 36.

97 Granovetter, M. (1985), S. 507.

Zusammenfassend lässt sich sagen, dass durch die Anreicherung der Transaktionskostentheorie anhand des Konstruktes der strukturellen Embeddedness eine theoretische Basis besteht, die den oben aufgeführten Kritikpunkten zur Transaktionskostentheorie explizit begegnet. Auf diese Art und Weise ist es möglich die Transaktionskostentheorie um Netzwerkaspekte, Vertrauen sowie durch Erfahrung und Lerneffekte zu erweitern und zu dynamisieren. Diese theoretische Basis scheint zur Analyse der Prädiktoren geeignet, die zum Phänomen der Born Globals führen.

# 3 Analyse des Phänomens der Born Globals aus erweiterter transaktionskostentheoretischer Sicht

Nachdem im vorigen Kapitel die theoretische Grundlage für diese Arbeit gelegt wurde, wird hierauf aufbauend das Phänomen der Born Globals analysiert. Dabei wird explizit auf die Charakteristika Spezifität, internationale Erfahrung, Netzwerke und Vertrauen von Born Globals eingegangen, ehe deren Erfolg bei der Auslandsmarktbearbeitung im Vergleich zu mittelständischen Unternehmen, die erst einige Jahre nach Unternehmensgründung internationalisieren, analysiert wird.

## *3.1 Spezifität*

Nachfolgend werden zunächst allgemeine Probleme spezifischer Investitionen aufgeführt, die am Beispiel von Born Globals analysiert werden, aber ebenso für traditionelle mittelständische Unternehmen gelten, die einige Jahre nach Unternehmensgründung Internationalisierungsaktivitäten ergreifen. Im Anschluss daran folgt eine Analyse der Nachteile, die explizit aus den Charakteristika der Unternehmen resultieren, die dem Phänomen der Born Globals folgen. Hieraus wird die erste Hypothese als Grundlage für die empirische Analyse abgeleitet.

Faktorspezifität wurde als „[...] Einmaligkeit und Nicht-Austauschbarkeit eines Gutes oder einer Dienstleistung“[98] definiert. Wird der Begriff der Spezifität auf das Konstrukt der Born Globals übertragen, so sind dies die Investitionen, die explizit für die Internationalisierungsaktivitäten des Unternehmens getroffen werden. Die Anmietung und Ausstattung eines ausländischen Vertriebsbüros in unmittelbarer Nähe zum Kunden, die Entwicklung einer speziell auf die Probleme des ausländischen Kunden zugeschnittene Computersoftware und die Anschaffung der dafür zwingend notwendigen technischen Geräte, die Einarbeitung der Mitarbeiter in die Vorgänge und Problemstellungen des ausländischen Geschäftspartners, der Aufbau und die Vermarktung eines Markennamens in dem potentiellen ausländischen Zielmarkt, Investitionen in die eigenen Fertigungsprozesse, um die Wertschöpfungskette des Kunden besser bedienen zu können, all dies sind Beispiele für spezifische Investitionen für den Fall, dass ihre zweitbeste Verwendung zur Generierung eines geringeren Nutzens führt.

Neben der Gefahr, dass die spezifischen Investitionen, bspw. durch Insolvenz des ausländischen Geschäftspartners bei fehlender Möglichkeit einer alternativen Verwendung, zu ver-

[98] Göbel, E. (2002), S. 137.

sunkenen Kosten werden, droht ebenso die Gefahr opportunistischen Verhaltens des Vertragspartners. Der ausländische Vertragspartner ist sich der Verluste, die das Born Global Unternehmen im Falle der zweitbesten Verwendung der Investitionen generieren würde, bewusst und macht sich dieses Abhängigkeitsverhältnis möglicherweise zu Nutze. Hat ein Born Global Investitionen in die Schulung seiner Mitarbeiter getätigt, um einen spezifischen Auftrag zu erfüllen, so könnte der Vertragspartner in diesem Bewusstsein nach Vertragsabschluss günstigere Konditionen nachverhandeln. Geht das Unternehmen nicht auf die günstigeren Konditionen ein und wechselt den Vertragspartner (falls dies überhaupt möglich ist) entstehen ihm Kosten in Höhe seiner Quasi-Rente. Die Unternehmung wird also bereit sein, solange auf die vom ausländischen Vertragspartner geforderten günstigeren Konditionen einzugehen, bis die Erlöse die Höhe der Erlöse der zweitbesten Verwendung erreicht haben. Aufgrund begrenzter Rationalität ist ein vorzeitiges Erkennen und vertragliches Absichern zur Vermeidung solcher Ausbeutungsversuche nicht möglich.

Born Globals sind in der Regel aufgrund ihrer jungen Unternehmensgeschichte erheblich in ihren Ressourcen beschränkt. Neben den allgemeingültigen Nachteilen spezifischer Investitionen, resultieren aus der Ressourcenknappheit explizit für Born Globals Risiken durch hohe spezifische Investitionen.

Falls eine Internationalisierung ein hohes Maß an spezifischen Investitionen erfordert, können Unternehmensgründungen diese folglich weniger leisten. In diesem Fall bedarf es einiger Jahre, um die spezifischen Internationalisierungsaktivitäten etablieren zu können. Falls jedoch nur geringe spezifische Investitionen erforderlich sind, können diese auch von Unternehmensgründungen geleistet werden, was zum Phänomen der Born Globals führt. Die Höhe der spezifischen Investitionen ist folglich eine wichtige Determinante für das Auftreten des Phänomens der Born Globals.

Aus diesem Zusammenhang lässt sich die erste Hypothese bezüglich der Prädiktoren für Born Globals ableiten:

*Hypothese 1:* *Je höher die für die Internationalisierung zu tätigenden spezifischen Investitionen, desto weniger tritt das Phänomen eines Born Globals auf.*

## *3.2 Internationale Erfahrung*

Eine weitere Determinante für das Auftreten von Born Globals kann die internationale Erfahrung der Unternehmung darstellen, beziehungsweise aufgrund der Tatsache, dass junge Unternehmen innerhalb des Jahres ihrer Unternehmensgründung noch nicht über intensive Erfahrung verfügen können, synonym hierzu die internationale Erfahrung des Managements der Unternehmung.[99] BURGEL/MURRAY stellen fest, dass „[...] managers who have lived abroad are more likely to sell internationally [...].”[100] International erfahrene Manager haben eine größere Affinität zu ausländischen Märkten und weniger Hemmungen diese zu bearbeiten. Wenn in ausländischen Märkten Absatzpotential für die Leistungen des Start-up-Unternehmens bestehen, werden international erfahrene Manager weniger zögern, dieses Potential durch Internationalisierung der Unternehmensaktivitäten auszuschöpfen.

Durch ihre Erfahrung und Kenntnisse in ausländischen Märkten können Unsicherheiten reduziert und Informationsasymmetrien abgebaut werden. Dies wiederum reduziert die Wahrscheinlichkeit des Auftretens opportunistischen Verhaltens und verringert die Risiken einer Internationalisierung. Eine international erfahrene Geschäftsführung ist zudem in der Lage, neue Herausforderungen schneller einzuschätzen und größere Lerneffekte zu erzielen. Im Bewusstsein dieser Fähigkeiten besteht für international erfahrene Manager ein höheres „Commitment“ gegenüber ausländischen Märkten.[101] Es kann gefolgert werden, dass das Ergreifen internationaler Tätigkeiten im Jahr der Unternehmensgründung wahrscheinlicher ist, wenn das Management des Start-ups über internationale Erfahrung verfügt. Die Höhe der internationalen Erfahrung der Unternehmensgründer ist somit ein weiterer Prädiktor für die Existenz eines Born Globals.

Aus diesen Zusammenhängen kann die zweite Hypothese für die Prädiktoren des Phänomens der Born Globals abgeleitet werden:

*Hypothese 2:* *Je ausgeprägter die internationale Erfahrung der Unternehmensgründer, desto eher tritt das Phänomen eines Born Globals auf.*

---

99 Vgl. Burgel, O./Murray, G. C. (2000), S. 52.

100 Burgel, O./Murray, G. C. (2000), S. 52.

101 Vgl. Oviatt, B. M./McDougall, P. P. (1995).

## 3.3 Netzwerke

Nach der in Kapitel 1 getroffenen Definition internationalisieren Born Globals im Jahr ihrer Unternehmensgründung. Sie können dabei folglich nicht aus einem etablierten Heimatmarkt heraus, durch eine stufenweise Form der Auslandsmarktbearbeitung, wie sie vom Uppsala Modell der Internationalisierung unterstellt wird, vorgehen und dabei Unsicherheiten durch sukzessive generiertes Wissen und Erfahrungen reduzieren. Zudem können sie keine Synergien aus bereits bestehendem Wissen über etablierte benachbarte Auslandsmärkte generieren. Aufgrund begrenzter Rationalität entstehen folglich erhebliche Informationsasymmetrien für die Unternehmung, welche bei Markteintritt zu deutlichen Nachteilen gegenüber den Wettbewerbern führen können und zudem die Gefahr opportunistischen Verhaltens durch die Vertragspartner implizieren.

Es hat sich jedoch empirisch gezeigt, dass es über Netzwerke für Start-ups möglich ist, diese Informationsasymmetrien zu überbrücken. Dabei bestehen für die Unternehmung zwei Möglichkeiten zur Erlangung von Netzwerkbeziehungen, um so eine stufenweise Internationalisierung zu substituieren.

Zum einen besteht die Option, internationale Kontakte aus der internationalen Erfahrung der eigenen Mitarbeiter der Unternehmung zu generieren (vgl. Abschnitt 3.2). Deren bestehende Kontakte und Wissen können genutzt werden, um Informationsasymmetrien und Unsicherheiten bezüglich der ausländischen Marktbearbeitung zu mindern.

Neben der Möglichkeit internationale Erfahrung und Kontakte der Unternehmensmitglieder als Netzwerke zu nutzen, können Start-ups zudem explizit neue Netzwerke etablieren. Hierfür gilt es, direkt ab dem Zeitpunkt der Unternehmensgründung Kontakte zu Lieferanten, Kunden oder Konkurrenten im anvisierten Auslandsmarkt aufzunehmen und eine Netzwerkstruktur zu etablieren. Im Gegensatz zu international agierenden mittelständischen Unternehmen können Born Globals dabei nicht auf frühere Geschäftskontakte zurückzugreifen, die nicht direkt mit der Bearbeitung des anvisierten Ziellandes zusammenhängen. Start-ups müssen derartige Netzwerkbeziehungen explizit neu aufbauen.

Start-up-Unternehmen verfügen über geringe Ressourcen und sind somit in ihren Handlungsspielräumen erheblich begrenzt. Über Netzwerkbeziehungen kann es gelingen, die Ressourcenknappheit zu überwinden und Zugang zu neuen Ressourcen zu erlangen. So kann es für Start-ups möglich sein, über Netzwerke und dadurch gewonnene Ressourcen auf diverse Stufen der „establishment chain" schnell zu internationalisieren. Dabei sind sie aufgrund ihrer Netzwerkbeziehungen nicht auf einen stabilen Heimatmarkt angewiesen. Netzwerke begünstigen folglich in einem hohen Maße das Phänomen der Born Globals, indem sie Zugang zu Ressourcen verschaffen, die den Internationalisierungsprozess erheblich fördern und vorantreiben können. Über Netzwerke können zudem Unsicherheiten reduziert und Informationsasymmetrien abgebaut werden. Je besser es dem Start-up gelingt, schnell intensive Netzwerkbeziehungen zu etablieren, bzw. Netzwerkbeziehungen über auslandserfahrene Mitarbeiter auszunutzen, desto höher ist die Wahrscheinlichkeit des unmittelbaren Ergreifens internationaler Tätigkeiten. Aufgrund der Tatsache, dass Netzwerke Zugang zu wichtigen Ressourcen verschaffen, Unsicherheiten reduzieren und Informationsasymmetrien abbauen und somit eine schnelle Internationalisierung ermöglichen, können sie als ein weiterer Prädiktor für die Existenz eines Born Globals gesehen werden.

Aus diesem Zusammenhang lässt sich folgende Hypothese formulieren:

*Hypothese 3:* *Je ausgeprägter die Netzwerkbeziehungen des Start-ups, desto eher tritt das Phänomen eines Born Globals auf.*

## 3.4 Vertrauen

Netzwerkbeziehungen zu ausländischen Kunden, Lieferanten oder Konkurrenten implizieren aufgrund beschränkter Rationalität das Risiko opportunistischen Verhaltens durch den ausländischen Netzwerkpartner. Die aus beschränkter Rationalität resultierende ungleiche Informationsverteilung kann bspw. für den ausländischen Kunden den Anreiz haben, die Informationsrückstände des Born Globals opportunistisch auszunutzen. So besteht die Möglichkeit, dass er ihm bewusst Informationen vorenthält und dies zu seinem eigenen Vorteil ausnutzt. Besteht zwischen den Netzwerkpartnern ein hohes Maß an Vertrauen, wird die Wahrscheinlichkeit des Auftretens opportunistischer Verhaltensweisen des ausländischen Netzwerkpartners erheblich reduziert. Ist dieser bspw. an einer langfristigen Lieferbeziehung interessiert, reduziert dies für ihn den Anreiz, sich opportunistisch zu verhalten. Zudem kann er durch seine opportunistische Verhaltensweise einen erheblichen Reputationsverlust, bspw. gegenüber anderen Netzwerkpartnern, erleiden. Dieser Reputationsverlust kann den Nutzen der opportunistischen Verhaltensweise überkompensieren. Ein Verzicht auf opportunistisches Verhalten ist in Bezug auf eine vertraute Beziehung zu Netzwerkpartnern folglich rational. Vertraute Netzwerkbeziehungen bringen Stabilität, sorgen für ein Maß an Sicherheit und Kontinuität und erhöhen somit die Wahrscheinlichkeit, dass Start-up-Unternehmen früh internationale Aktivitäten ergreifen. In Bezug auf Netzwerke ist „[t]rust [..] probably the most important ingredient of success and a major reason for failure if it is absent."[102] Netzwerke ohne angemessene Vertrauensbasis sind in ihrer Qualität deutlich gemindert, wenn nicht unbrauchbar. Hieraus kann gefolgert werden, dass Vertrauen eine weitere wichtige Determinante für die Existenz eines Born Globals darstellt.

Aus diesem Zusammenhang lässt sich die vierte Hypothese ableiten:

*Hypothese 4:* *Je ausgeprägter das Vertrauen zu den ausländischen Geschäftspartnern, desto eher tritt das Phänomen der Born Globals auf.*

## *3.5 Erfolg von Born Globals*

Traditionelle mittelständische Unternehmen, die einige Jahre nach Unternehmensgründung Internationalisierungsaktivitäten ergreifen, verfügen aufgrund eines stabilen Heimatmarktes über substantielle Ressourcen. Aufgrund dieser Ressourcen ist es ihnen möglich, unterschiedliche Szenarien der Auslandsmarktbearbeitung gleichzeitig zu verfolgen und den Lauf der Dinge abzuwarten, ehe sie ihre Aktivitäten auf einen Schwerpunkt fokussieren.[103] Eine solche Strategie reduziert das Risiko der Auslandsmarktbearbeitung, ist jedoch sehr kosten- und ressourcenintensiv. Zudem widersprechen sich die unterschiedlichen Szenarien häufig, was den Erfolg eines möglicherweise erfolgreichen Szenarios schmälern kann.

Born Globals verfügen nicht über derart substantielle Ressourcen. Ihre Strategie fokussiert sich auf ein bestimmtes Szenario, was grundsätzlich zunächst mit einem bedeutend höheren Risiko behaftet ist. Born Globals gelingt es jedoch, dieses Risiko über Netzwerke, Vertrauen und internationale Erfahrung zu reduzieren. Es ist ihnen folglich möglich, sich von vornherein auf ein Szenario zu fokussieren und die Struktur der Unternehmung direkt an diesem Szenario der ausländischen Marktbearbeitung auszurichten. Dabei spielt die internationale Erfahrung des Managements der Unternehmung, unter Umständen in der Person des Unternehmensgründers, eine zentrale Rolle. Das von der Geschäftsführung angestrebte Szenario wird anhand der Erfahrung und über die Netzwerke zu ausländischen Geschäftspartnern schnell umgesetzt. Eine schnelle Umsetzung einzelner Szenarien in sich schnell verändernden Märkten

---

[102] Johnson, G./Scholes, K. (2002), S. 383.

[103] Vgl. Porter, M. E. (1989), S. 589.

ist von zentraler Bedeutung.[104] So können Wettbewerbsvorteile erlangt werden und es besteht die Möglichkeit, eine einzigartige Position in dem ausländischen Markt zu etablieren.

Die strategische Ausrichtung der Unternehmung und ihrer Mitarbeiter wird ab dem Zeitpunkt der Unternehmensgründung auf die ausländische Marktbearbeitung zugeschnitten, was ein Grundstein für die erfolgreiche Positionierung der Unternehmung im ausländischen Markt im Vergleich zu traditionellen mittelständischen Unternehmen darstellt.

Vor diesem Hintergrund wird die fünfte Hypothese zum Erfolg von Born Globals bei der ausländischen Marktbearbeitung abgeleitet:

*Hypothese 5:* *Wenn ein Unternehmen im Jahr der Unternehmensgründung internationale Aktivitäten ergreift, dann ist es erfolgreicher als traditionelle mittelständische Unternehmen im Auslandsmarkt.*

Nachdem anhand der erweiterten transaktionskostentheoretischen Fundierung die Prädiktoren, die zum Phänomen der Born Globals führen, sowie der Erfolg von Born Globals im Auslandsmarkt analysiert wurden, erfolgt im Anschluss die empirische Überprüfung der aufgestellten Zusammenhänge.

---

[104] Vgl. Johnson, G./Scholes, K. (2002), S. 151.

# 4 Empirie

Im Rahmen dieses Kapitels wird zunächst die Sekundärdatenbasis, die als Grundlage für die Analyse dient, eingehend beschrieben. Im Anschluss daran erfolgt die Operationalisierung der unabhängigen Variablen und der Kontrollvariablen. Hierauf aufbauend werden die für die empirische Auswertung relevanten Analyseverfahren ausgewählt, ehe anschließend die empirische Auswertung in Bezug auf die im theoretischen Teil der Arbeit abgeleiteten Hypothesen erfolgt. Das Kapitel schließt mit einer Zusammenfassung und Würdigung der empirischen Ergebnisse.

## *4.1 Empirische Datenbasis*

Als Grundlage für die empirische Analyse zur Prüfung der in Kapitel 3 abgeleiteten Hypothesen dienen Sekundärdatensätze, welche KABST im Rahmen seiner Arbeit zur Internationali-sierung mittelständischer Unternehmen anhand schriftlicher Befragungen erfasst hat.[105] Die Datenerhebung erfolgte in drei aufeinander aufbauenden Erhebungen im Zeitraum von 1999 bis 2002.[106] Die dabei zu Grunde gelegte Methodik wird im Folgenden kurz erläutert.

Als Abgrenzungskriterium und zur Definition mittelständischer Unternehmen wählt KABST die Beschäftigtenzahl. Nach genauerer Klassifizierung bezieht sich die Grundgesamtheit auf mittelständische Unternehmen, die eine Mitarbeiterzahl zwischen 100 und 1.000 Beschäftigten aufweisen. Zur Identifizierung dieser Unternehmen wurde das Hoppenstedt Unternehmensverzeichnis als Adressdatenbank herangezogen.[107] Nach Eingabe der zu Grunde gelegten Mitarbeiterzahl als Selektionskriterium, wurden anhand der Datenbank 19.047 Unternehmen mit einer Mitarbeiterzahl zwischen 100 und 1.000 Mitarbeitern identifiziert. Die Internationalität als weiteres Selektionskriterium reduzierte die Grundgesamtheit auf schließlich 4.229 Unternehmen. Unter der Annahme, dass nahezu alle Unternehmen im Hoppenstedt Unternehmensverzeichnis geführt werden, kommt diese Vorgehensweise einer Vollerhebung deutscher mittelständischer Unternehmen mit internationalen Aktivitäten gleich.

---

105 Vgl. Kabst, R. (2004).

106 Vgl. Kabst, R. (2004), S. 27.
Für eine ausführliche Beschreibung des methodischen Vorgehens zur Datenerhebung siehe Kabst, R. (2004), S. 27 ff.

107 Deutsche Version, 2/1999.

Im November 1999 wurde die erste schriftliche Befragung mit dem Ziel durchgeführt, einen Einblick in die internationalen Geschäftstätigkeiten, darunter vornehmlich die ausländischen Marktbearbeitungsformen und die Verläufe der Internationalisierung, zu bekommen. Nach schriftlicher und telefonischer Nachfassaktion wurde eine Responserate von 10,6% (449 Fragebögen) erreicht, was durchaus ein akzeptables Ergebnis im Vergleich zu anderen Untersuchungen zur Internationalisierung mittelständischer Unternehmen darstellt.[108]

Ziel der zweiten Untersuchung war es, nähere Informationen über die Einflussfaktoren für die Wahl einzelner ausländischer Marktbearbeitungsformen und die grundsätzliche Verbreitung internationaler Tätigkeiten zu generieren. Dabei wurde auf dieselben Instrumente und Vorgehensweisen, wie in der ersten Untersuchung zurückgegriffen. Aus den 449 Unternehmen, die in der ersten Untersuchung geantwortet hatten, wurden die Probanden ausgewählt, die über Auslandsaktivitäten verfügen und über Exporte hinausgehen. Diese Unternehmen wurden als Grundgesamtheit für die zweite Erhebung gewählt, um dem Ziel dieser zweiten Erhebung gerecht zu werden. So blieb nach vorgenommener Selektion eine Population von 272 Unternehmen, die im Juni 2001 mit der identischen Methode der ersten Erhebung befragt wurden. Nach wiederum schriftlicher und telefonischer Nachfassaktion wurde eine Responserate von 43,4% (118 Fragebögen) erreicht.

In der dritten Erhebung war es das Ziel, die Veränderungen der Marktbearbeitungsformen in ausgewählten Märkten im Zeitablauf zu bestimmen. Aus den 449 Unternehmen der ersten Erhebung wurden diejenigen selektiert, die bereits mehr als eine Marktbearbeitungsform im Laufe ihrer Internationalisierung in einem spezifischen Land vollzogen hatten. Die Population umfasste nach Anwendung dieses Selektionskriteriums 223 Unternehmen, die zur schriftlichen Beantwortung der Fragebögen im Dezember 2001 und Januar 2002 aufgefordert wurden. Wieder nach schriftlicher und telefonischer Nachfassaktion wurde insgesamt eine Responsequote von 53% (119 Fragebögen) erzielt.

Die Ergebnisse wurden anhand geeigneter Forschungsmethoden auf „Non-Response-Bias“ und „common methods variance“ getestet. Es wurden jedoch weder signifikante Anzeichen auf ein vorliegendes „Non-Response-Bias“ noch für das Problem der Varianz der Instrumente gefunden.

---

108 Vgl. bspw. Bamberger, I./Wrona, T. (1997); Bassen, A./Behnam, M./Gilbert, D. U. (2001).

Aufbauend auf diesem Datensatz erfolgt die Auswahl der Stichprobe für die Untersuchung des Phänomens der Born Globals, indem die mittelständischen Unternehmen, die im Jahr ihrer Unternehmensgründung internationalisiert haben, selektiert werden. Dabei können nur Born Globals erfasst werden, die zum Zeitpunkt der Erhebung bereits 100 bis 1.000 Mitarbeiter umfassten. Born Globals mit einer geringeren Mitarbeiterzahl können aufgrund der Charakteristika des Sekundärdatensatzes keinen Einzug in die Stichprobe erhalten.

Bevor im Folgenden die in Kapitel 3 generierten Hypothesen empirisch analysiert und die Ergebnisse interpretiert werden, erfolgt zunächst die Operationalisierung der unabhängigen Variablen des Modells[109] und die Auswahl eines geeigneten statistischen Analyseverfahrens.

## *4.2 Operationalisierung der unabhängigen Variablen*

Die in der vorliegenden Arbeit verwendete Sekundärdatenbasis wurde überwiegend in Likert-Skalen erhoben. Die zu operationalisierenden Konstrukte wurden teilweise einfaktoriell direkt abgefragt und teilweise mehrfaktoriell erhoben. Je nachdem, ob es die Reliabiltätsprüfung mittels Cronbachs Alpha zulässt, finden die Variablen als zusammengeführte Indikatoren oder als einzelne Items Einzug in die statistische Analyse. Im Folgenden wird zunächst die Operationalisierung der Primärdaten (Faktorspezifität, Internationale Erfahrung, Netzwerke und Vertrauen) erläutert, ehe im Anschluss auf die Operationalisierung von Kontrollvariablen eingegangen wird.

Die Faktorspezifität wird anhand des Indikators der Quasi-Rente operationalisiert, d. h. durch den Vergleich der erstbesten Verwendung einer Investition mit der zweitbesten Verwendung. Die internationale Erfahrung (internationale Erfahrung des Unternehmens, internationale Erfahrung der Geschäftsleitung) und Netzwerke (Netzwerke im Zielland, Netzwerke im Ausland, Netzwerke im Inland) werden jeweils mehrfaktoriell über mehrere Items operationalisiert. Nach einer Reliabiltätsprüfung mittels Cronbachs Alpha können diese Indikatoren zusammengeführt werden. Bei der Operationalisierung des Konstruktes Vertrauen hat die Reliabilitätsprüfung mittels Cronbachs Alpha ergeben, dass die zwei Items, die das Konstrukt Vertrauen beschreiben, nicht zusammengeführt werden können. Diese Indikatoren (Vertrauen und opportunistisches Verhalten) werden folglich separat in die statistische Analyse aufgenommen.

---

[109] In Anlehung an Kabst, R. (2004), S. 64 ff.

Zur Identifizierung der Unternehmen, die innerhalb des Jahres ihrer Unternehmensgründung internationalisiert haben (Phänomen der Born Globals), wird das Gründungsjahr der Unternehmung vom Jahr in dem die Auslandsmarktbearbeitung einsetzt, subtrahiert.

Als Kontrollvariable findet die Mitarbeiterzahl Einzug in das Modell. Dieser Indikator wird logarithmiert, um auch nicht-lineare Effekte abbilden zu können.[110] Als weitere Kontrollvariable wird der Indikator Familienbetrieb eingeführt.

Tabelle 2 gibt einen Überblick über die gewählten Operationalisierungen der unabhängigen Variablen. Nachfolgend erfolgt auf dieser Basis die Auswahl eines geeigneten empirischen Analysemodells für die statistische Auswertung.

[110] Vgl. Kabst, R. (2004), S. 65.

| Unabhängige Variable: | Operationalisierung: |
|---|---|
| Faktorspezifität | Für das Auslandsengagement wurden Investitionen getätigt, die anderweitig nur noch bedingt verwendbar sind<br>(Likert Skala: stimme nicht zu, stimme eher nicht zu, stimme eher zu, stimme zu) |
| Netzwerk Zielland | 1) Die Kenntnis und der Kontakt zu Geschäftspartnern im jeweiligen Ausland war sehr weit entwickelt<br>2) Die Kenntnis und der Kontakt zu Kunden im jeweiligen Ausland war sehr weit entwickelt<br>3) Es bestand bereits ein umfangreiches Netzwerk von Geschäftsbeziehungen im Auslandsmarkt<br>(Likert Skala: stimme nicht zu, stimme eher nicht zu, stimme eher zu, stimme zu) |
| Netzwerk sonstiges Ausland | 1) Ihr Unternehmen hatte bereits ausgeprägte Auslandsaktivitäten in angrenzenden Ländern<br>2) Ihr Unternehmen hatte durch Geschäftsbeziehungen in anderen Auslandsmärkten bereits Kontakte zu relevanten Geschäftspartnern/Kunden<br>3) Bestehende Geschäftsbeziehungen aus anderen ausländischen Regionen haben die Wahl dieser Internationalisierungsform erst ermöglicht<br>4) Die vertrauensvollen Geschäftsbeziehungen zu Geschäftspartnern in anderen Ländern haben dieses Auslandsengagement erst ermöglicht<br>(Likert Skala: stimme nicht zu, stimme eher nicht zu, stimme eher zu, stimme zu) |
| Netzwerk Inland | Beratungsinstitutionen im Inland (IHK, Außenhandelskammer, private Beratungsgesellschaften) haben die Wahl der Internationalisierungsform deutlich geprägt<br>(Likert Skala: stimme nicht zu, stimme eher nicht zu, stimme eher zu, stimme zu) |
| Opportunistisches Handeln | Es ist nicht ausschließbar, dass das Auslandsengagement nicht im Sinne Ihres Unternehmens handelt<br>(Likert Skala: stimme nicht zu, stimme eher nicht zu, stimme eher zu, stimme zu) |

**Tabelle 2: Operationalisierung der unabhängigen Variablen**

| Unabhängige Variable: | Operationalisierung: |
|---|---|
| Vertrauensvolle Beziehung | Zwischen Ihrem Unternehmen und dem Auslandsengagement bzw. den jeweiligen Ansprechpartnern hatte sich eine vertrauensvolle Beziehung entwickelt<br>(Likert Skala: stimme nicht zu, stimme eher nicht zu, stimme eher zu, stimme zu) |
| Internationale Erfahrung | 1) Die Geschäftsleitung verfügte bereits vor dem Eintritt in das jeweilige Auslandsengagement über langjährige und weitreichende Auslandserfahrung<br>2) Die Geschäftsführung hat erst im Rahmen des jeweiligen Auslandsengagements internationale Erfahrungen gesammelt<br>3) Es existierte bereits vor Eingang des Auslandsengagements ein hoher Auslandsumsatz<br>4) Ihr Unternehmen verfügte bereits vor Eingang des jeweiligen Auslandsengagements über eine Vielzahl von internationalen Joint Ventures oder Tochtergesellschaften<br>5) Ihr Unternehmen hatte bereits eine Vielzahl auslandserfahrener Mitarbeiter<br>6) Ihr Unternehmen verfügte bereits vor Eingang des jeweiligen Auslandsengagements über fundierte internationale Erfahrung<br>(Likert Skala: stimme nicht zu, stimme eher nicht zu, stimme eher zu, stimme zu) |
| Alter des Unternehmens | Index: Jahr der Wahl der ausländischen Marktbearbeitungsform minus Jahr der Unternehmensgründung |
| Mitarbeiterzahl (log) | Mitarbeiterzahl des befragten mittelständischen Unternehmens (Logarithmus) |
| Familienbetrieb | Ist Ihr Unternehmen ein Familienbetrieb bzw. ist die Mehrheit des Kapitals im Besitz einer Familie bzw. eines Unternehmers<br>(Likert Skala: stimme nicht zu, stimme eher nicht zu, stimme eher zu, stimme zu) |

**Tabelle 2 (2): Operationalisierung der unabhängigen Variablen**

## *4.3 Bestimmung des statistischen Analyseverfahrens*

Zur Überprüfung der in Kapitel 3 generierten Hypothesen wird ein graphisches Kettenmodell entwickelt. Graphische Kettenmodelle basieren auf der Pfadanalyse. Sie bieten die Möglichkeit der Darstellung komplexer Relationen und Abhängigkeiten von sowohl qualitativen als auch quantitativen Variablen. Die Variablen werden in Kettenverbindungen untereinander angeordnet, wobei die abhängige Variable abseits von den unabhängigen Variablen positioniert wird. Die Verbindungslinien zwischen den Variablen zeigen signifikante Korrelationen zwischen den jeweiligen Variablen. Technisch betrachtet wird die Basis für das graphische Kettenmodell durch ein System von Regressionen, so genannte Blockregressionen, gebildet, wobei eine der jeweils abhängigen Variablen identifiziert wird und die anderen Variablen reziprok als unabhängige Variablen angesehen werden. Es wird mit der Regression der letzten abhängigen Variablen der Untersuchung begonnen. Bezogen auf die vorliegende Arbeit fungiert folglich zunächst die Variable "Born Globals" als abhängige Variable. Zur Analyse des Erfolges von Born Globals wird die Variable "Erfolg im Ausland" als abhängige Variable positioniert. Die Variable "Born Globals" fungiert dann reziprok als eine der unabhängigen Variablen.

Die Regressionsanalyse als ein häufig verwendetes statistisches Analyseverfahren, untersucht die Relation zwischen einer abhängigen und einer oder mehrerer metrisch skalierten unabhängigen Variablen.[111] Bei dem Phänomen der Born Globals handelt es sich um ein dichotomes Ereignis. Folglich kann im Rahmen des graphischen Kettenmodells eine binäre logistische Regression als erstes Analysemodell zur Prüfung der Hypothesen bezüglich der Prädiktoren, die zum Phänomen der Born Globals führen, herangezogen werden. Auch „[...] in der jüngeren Vergangenheit [wurde] die logistische Regression vermehrt zur Analyse von dichotomen Fragestellungen herangezogen."[112]

Die abhängige Variable des Erfolges im Ausland wird über den Gewinn bei der Auslandsmarktbearbeitung operationalisiert. Der Gewinn im Ausland, welcher auf einer Likert-Skala abgefragt wurde, wird mittels ordinaler Regression analysiert.

---

[111] Vgl. Skiera, B./Albers, S. (2000), S. 205.

[112] Krafft, M. (2000), S. 239.

## *4.4 Empirische Ergebnisse*

Nachdem das statistische Analyseverfahren ausgewählt und charakterisiert wurde, werden nachfolgend die unabhängigen Variablen auf Multikollinearität überprüft, ehe die Ergebnisse der empirischen Analyse des Datensatzes aufgeführt und in Bezug auf die theoretisch abgeleiteten Hypothesen interpretiert werden.

Für die Anwendung des ausgewählten Analyseverfahrens ist es eine wichtige Voraussetzung, dass keine hohe Multikollinearität vorliegt. Denn mit starker Abhängigkeit zwischen den unabhängigen Variablen kommt es zu größeren Standardabweichungen der Regressionskoeffizienten. Dies hat zur Folge, dass deren Schätzung zunehmend unzuverlässiger wird. „So kann es bei hochgradiger Multikollinearität vorkommen, daß das Bestimmtheitsmaß der Regressionsfunktion signifikant ist, obgleich alle Koeffizienten in der Funktion nicht signifikant sind.“[113] Folglich ist es erforderlich, das statistische Modell auf Multikollinearität zu überprüfen. Die folgende Korrelationsmatrix (Tabelle 3) gibt einen Überblick über die Korrelationsmaße. Bei einem Schwellenwert von 0,7 besteht jedoch keine Gefahr der Multikollinearität unter den zu Grunde gelegten unabhängigen Variablen,[114] so dass keine Anzeichen für starke Abhängigkeit zwischen den Variablen zu erkennen sind.

Tabelle 5 gibt einen Überblick über die empirischen Ergebnisse der binären logistischen Regression (Spalte “Born Globals“) und der ordinalen Regression (Spalte “Erfolg im Ausland“). Im Folgenden werden diese Ergebnisse in Bezug auf die in Kapitel 3 abgeleiteten Hypothesen überprüft und ausgewertet.

---

113 Kabst, R. (2000), S. 183.

114 Anderson, D. R./Sweeney, D. J./Williams, T. A. (1996), S. 597 legen einem Schwellenwert von 0,7 für Multikollinearität zu Grunde. Berekhoven, L./Eckert, W./Ellenrieder, P. (2002), S. 209 nennen als Faustregel einen Wert von 0,75 für Multikollinearität.

| | Variablen | 1 | 2 | 3 | 4 | 5 | 6 | 7 | 8 | 9 | 10 | 11 | 12 |
|---|---|---|---|---|---|---|---|---|---|---|---|---|---|
| 1 | Faktorspezifität | - | | | | | | | | | | | |
| 2 | Netzwerk Zielland | 0,18** | - | | | | | | | | | | |
| 3 | Netzwerk sonstiges Ausland | 0,19* | 0,31** | - | | | | | | | | | |
| 4 | Netzwerk Inland | -0,08 | 0,03 | 0,15* | - | | | | | | | | |
| 5 | Opportunistisches Handeln | -0,10 | 0,18** | 0,03 | 0,16** | - | | | | | | | |
| 6 | Vertrauensvolle Beziehung | 0,04 | 0,35** | 0,09 | 0,20** | 0,30** | - | | | | | | |
| 7 | Internationale Erfahrung | 0,08 | 0,32** | 0,36** | 0,02 | 0,01 | 0,15* | - | | | | | |
| 8 | Alter des Unternehmens | 0,01 | 0,05 | -0,03 | 0,04 | 0,06 | -0,04 | 0,70 | - | | | | |
| 9 | Mitarbeiterzahl (log) | 0,13* | 0,15* | 0,11 | 0,05 | -0,01 | 0,03 | 0,26** | 0,18** | - | | | |
| 10 | Familienbetrieb | -0,06 | -0,14** | -0,03 | 0,15* | 0,08 | 0,02 | -0,08 | -0,13* | -0,13* | - | | |
| 11 | Born Globals | -0,12 | -0,37 | -0,05 | -0,12 | -0,05 | 0,03 | 0,07 | -0,31** | -0,13* | 0,20** | - | |
| 12 | Erfolg im Auslandsmarkt | - 0,05 | -0,09 | -0,01 | 0,10 | 0,16* | 0,17* | 0,15* | -0,06 | 0,15* | 0,19 | 0,22** | - |

Anmerkungen: Pearson Korrelationen (listenweiser Fallausschluss); * : $p \leq .05$; ** : $p \leq .01$;

**Tabelle 3: Korrelationsmatrix**

| | Born Global | Erfolg im Ausland |
|---|---|---|
| Born Global | | 1,942*** |
| Spezifische Investitionen | -0,965** | -0,002 |
| Internationale Erfahrung | 0,082† | 0,061* |
| Netzwerk Zielland | 0,097 | 0,037 |
| Netzwerk Ausland | -0,050 | -0,102* |
| Netzwerk Inland | -0,431* | 0,178 |
| Opportunistisches Verhalten | -0,007 | 0,310* |
| Vertrauensvolle Beziehung | -0,113 | 0,167 |
| Mitarbeiterzahl (log) | -0,039 | 0,647*** |
| Unternehmensalter | -0,040*** | -0,003 |
| Eigentümergeführtes Unternehmen | 1,259** | -0,175 |
| $R^2$ (Cox & Snell) | 0,191 | 0,188 |
| $R^2$ (Nagelkerke) | 0,344 | 0,207 |
| Model Chi-Square | 54,737 | |
| Correct classifications | 90,0% | |
| Significance | 0,000 | 0,000 |
| N | 280 | 280 |

**Tabelle 4: Binäre logistische Regression und ordinale Regression**

### *4.4.1 Binäre logistische Regression*

Die Spalte „Born Global" (Tabelle 4) zeigt die Ergebnisse der binären logistischen Regression, die im Folgenden in Bezug auf die Hypothesen zu den Prädiktoren, die zum Phänomen der Born Globals führen, interpretiert werden.

Das binäre logistische Regressionsmodell ist höchst signifikant (p=0,000). Die Bestimmtheitsmaße drücken den Anteil der durch die binäre logistische Regression erklärten Varianz aus. Diese beträgt in der vorliegenden Analyse 34,4% (Nagelkerke) bzw. 19,1% (Cox & Snell) und ist somit zufrieden stellend.

In Hypothese 1 wurde der Zusammenhang zwischen der Höhe der spezifischen Investitionen und dem Auftreten des Phänomens der Born Globals abgeleitet. Es zeigt sich ein sehr signifikant negativer Zusammenhang zwischen der Höhe der spezifischen Investitionen und der

Existenz von Born Globals. Hohe spezifische Investitionen verhindern folglich das Auftreten des Phänomens der Born Globals. Hypothese 1 hat sich bewährt und die Analyseergebnisse untermauern den in Kapitel 3 aufgestellten Zusammenhang.

In Hypothese 2 wurde ein positiver Zusammenhang zwischen der Höhe der internationalen Erfahrung der Unternehmensgründer und dem Auftreten des Phänomens der Born Globals abgeleitet. Die Analyseergebnisse zeigen hier zwar kein signifikantes Resultat, die Irrtumswahrscheinlichkeit kann jedoch immer noch als gering bezeichnet werden, so dass die Hypothese grundsätzlich als bewährt gelten kann. Mit zunehmender internationaler Erfahrung steigt die Möglichkeit der Existenz eines Born Globals.

Die Ergebnisse zu den in Hypothese 3 aufgestellten Zusammenhängen bedürfen einer differenzierteren Betrachtung. Es wurde ein positiver Zusammenhang zwischen der Intensität der Netzwerkbeziehungen des Unternehmens und dem Auftreten des Phänomens der Born Globals unterstellt. Die Netzwerkbeziehungen im Zielland und die Netzwerkbeziehungen im Ausland zeigen jedoch keinen signifikanten Zusammenhang und liefern folglich keinen Erklärungsbeitrag zum Auftreten des Phänomens der Born Globals. Die Netzwerkbeziehungen im Inland zeigen hingegen einen signifikant negativen Zusammenhang. Mit zunehmender Intensität der Netzwerkbeziehungen im Inland (bspw. zu Institutionen wie IHK, Außenhandelskammer etc.) sinkt die Wahrscheinlichkeit des Auftretens des Phänomens eines Born Globals. Zwischen Netzwerken und Born Globals besteht folglich kein positiver Zusammenhang wie zuvor unterstellt wurde. Die Hypothese muss demnach verworfen werden.

Hypothese 4 unterstellt einen positiven Zusammenhang zwischen der Höhe des Vertrauens und dem Auftreten des Phänomens der Born Globals. Die empirischen Ergebnisse zeigen, dass die Indikatoren Vertrauen und opportunistisches Verhalten keine signifikanten Resultate aufweisen. Demnach können die aufgestellten Relationen nicht wiedergefunden werden. Hypothese 4 muss folglich ebenfalls verworfen werden.

Das Unternehmensalter als integrierte Kontrollvariable drückt einen höchst signifikanten Wert aus. Ebenso zeigen die Ergebnisse der binären logistischen Regression sehr signifikant, dass Eigentümer geführte Unternehmen positiv mit dem Phänomen der Born Globals korrelieren und somit einen hohen Erklärungsbeitrag für die Existenz von Born Globals liefern.

Zusammenfassend lässt sich folgern, dass sich insbesondere die Zusammenhänge bezüglich der Faktorspezifität bewährt haben. Ebenso können die positiven Relationen zwischen internationaler Erfahrung und dem Auftreten des Phänomens der Born Globals aufrechterhalten bleiben. Die Ergebnisse bezüglich des Vertrauens zeigen nicht die erwarteten Resultate. Ebenso konnten die Annahmen bezüglich der Netzwerke nicht bestätigt werden. Hier sind zum Teil Ergebnisse festzustellen, die im Gegensatz zu den theoretischen Ableitungen stehen.

In einem nächsten Schritt werden die Einflussfaktoren auf den Erfolg von Born Globals anhand einer ordinalen Regression analysiert.

### *4.4.2 Ordinale Regression*

In der Spalte „Erfolg im Ausland“ (Tabelle 4) sind die empirischen Ergebnisse zur ordinalen Regression aufgeführt, die im Folgenden interpretiert werden.

Das ordinale Regressionsmodell ist ebenso wie die binäre logistische Regression höchst signifikant (p=0,000). Der durch die Bestimmtheitsmaße ausgedrückte Anteil der erklärten Varianz beträgt 20,7% (Nagelkerke), bzw. 18,8% (Cox & Snell). Die Varianzerklärung hat sich gegenüber der binären logistischen Regression verschlechtert, ist aber noch akzeptabel.

In Hypothese 5 wurde eine positive Relation zwischen der Existenz des Phänomens der Born Globals und dem Erfolg im Auslandsmarkt im Vergleich zu traditionellen mittelständischen Unternehmen unterstellt, die einige Jahre nach Unternehmensgründung internationalisieren. Dieser Zusammenhang kann bei Betrachtung der Analyseergebnisse durch einen höchst signifikanten positiven Zusammenhang bestätigt werden. Internationalisiert ein Unternehmen im Jahr seiner Unternehmensgründung, so zeigt es einen größeren Erfolg im Auslandsmarkt als mittelständische Unternehmen, die einige Jahre nach Unternehmensgründung internationalisieren. Hypothese 5 hat sich folglich bewährt und kann aufrechterhalten bleiben.

Neben dem Phänomen der Born Globals zeigen weitere unabhängige Variablen einen signifikanten Erklärungsbeitrag für den Erfolg eines Unternehmens im Auslandsmarkt. So korreliert die internationale Erfahrung des Unternehmens positiv mit dem Erfolg. Ein negativer signifikanter Zusammenhang besteht zwischen den Netzwerkbeziehungen im Ausland und dem Erfolg im Auslandsmarkt. Bei höherer Intensität der ausländischen Netzwerkbeziehungen, sinkt, dem Analysemodelle zu Folge, der Erfolg im Ausland. Opportunistisches Verhalten korreliert positiv signifikant mit dem Erfolg im Ausland. Mit zunehmender Wahrscheinlichkeit opportunistischen Verhaltens steigt demzufolge der Erfolg im Auslandsmarkt. Zudem ist ein höchst signifikanter positiver Zusammenhang zwischen der Mitarbeiterzahl des Unternehmens und dem Erfolg im Auslandsmarkt zu erkennen.

Zusammenfassend lässt sich sagen, dass die Ergebnisse der ordinalen Regression die Zusammenhänge der theoretischen Argumentation bezüglich des Erfolges von Born Globals im Auslandsmarkt bestätigen. Die Zusammenhänge zwischen Netzwerkbeziehungen im Ausland und Erfolg im Auslandsmarkt, sowie opportunistischem Verhalten und Erfolg im Auslandsmarkt zeigen jedoch überraschende und fragwürdige Ergebnisse. Die Ergebnisse bezüglich der Netzwerke lassen sich möglicherweise so erklären, dass Beratungsinstitutionen wie bspw. die IHK, Internationalisierungsaktivitäten im Jahr der Unternehmensgründung tendenziell weniger befürworten. Hier dominiert unter Umständen eine eher traditionelle Sichtweise bezüglich der Internationalisierung, die einen stabilen Heimatmarkt für die Internationalisierungsaktivitäten voraussetzt. Diesbezüglich sind jedoch weiterführende Studien erforderlich, um die Zusammenhänge differenziert und eindeutig analysieren zu können.

## *4.5 Zusammenfassung und Würdigung der empirischen Ergebnisse*

Zur Überprüfung der theoretisch abgeleiteten Hypothesen wurde ein graphisches Kettenmodell zu Grunde gelegt, bei dem zum einen eine binäre logistische Regression für die Bestimmung der Prädiktoren für Born Globals herangezogen wurde und zum anderen eine ordinale Regression zur Bestimmung der Einflussfaktoren auf den Erfolg von Unternehmen im Auslandsmarkt. Die Ergebnisse untermauern insbesondere die aus der Transaktionskostentheorie abgeleiteten Zusammenhänge über die Faktorspezifität sowie den Erfolg von Born Globals im Auslandsmarkt, im Vergleich zu mittelständischen Unternehmen, die einige Jahre nach Unternehmensgründung internationalisieren. Ebenso wurde der positive Zusammenhang zwischen internationaler Erfahrung und der Existenz von Born Globals bestätigt, allerdings weniger eindeutig. Für den Einfluss des Konstruktes Vertrauen auf die Existenz von Born Globals konnten keine signifikanten Ergebnisse erzielt werden. Die aus der strukturellen Embeddedness abgeleiteten Hypothesen bezüglich der Netzwerkbeziehungen konnten ebenso nicht bestätigt werden. Hier zeigen sich Ergebnisse, die gegenläufig zu den theoretisch abgeleiteten Zusammenhängen sind. Folglich sollten weiterführende Forschungsaktivitäten gerade in Bezug auf die Signifikanz von Vertrauen als Determinante für die Existenz des Phänomens der Born Globals und in Bezug auf die gegenläufigen Assoziationen zu der Hypothese der Netzwerkbeziehungen unternommen werden.

Tabelle 5 fasst die empirischen Ergebnisse bezüglich der in Kapitel 3 abgeleiteten Hypothesen zusammen.

| Hypothese | Formulierung | Ergebnis |
|---|---|---|
| Hypothese 1 | Je höher die für die Internationalisierung zu tätigenden spezifischen Investitionen, desto weniger tritt das Phänomen eines Born Globals auf. | Bewährt |
| Hypothese 2 | Je ausgeprägter die internationale Erfahrung der Unternehmensgründer, desto eher tritt das Phänomen eines Born Globals auf. | (Bewährt) |
| Hypothese 3 | Je ausgeprägter die Netzwerkbeziehungen des Start-ups, desto eher tritt das Phänomen eines Born Globals auf. | Verworfen |
| Hypothese 4 | Je ausgeprägter das Vertrauen zu den ausländischen Geschäftspartnern, desto eher tritt das Phänomen der Born Globals auf. | Verworfen |
| Hypothese 5 | Wenn ein Unternehmen im Jahr der Unternehmensgründung internationale Aktivitäten ergreift, dann ist es erfolgreicher als traditionelle mittelständische Unternehmen im Auslandsmarkt. | Bewährt |

**Tabelle 5: Zusammenfassung der empirischen Ergebnisse**

Das graphische Kettenmodell (Abbildung 1) zeigt die erläuterten positiven und negativen signifikanten Zusammenhänge zwischen den unabhängigen Variablen und den abhängigen Variablen "Born Global" sowie "Erfolg im Ausland" und liefert somit einen Überblick über die Kernaussagen der vorliegenden Arbeit. Zunächst fungierte die Variable "Born Global" als abhängige Variable. Folglich wird diese Variable rechts von den unabhängigen Variablen angeordnet. Zur Analyse des Erfolges von Born Globals fungierte der "Erfolg im Ausland" als abhängige Variable und die Variable "Born Global" reziprok als eine der unabhängigen Variablen. Der signifikant positive Einfluss des Phänomens der Born Globals auf den Erfolg bei der Auslandsmarktbearbeitung wird durch die Verbindungslinie zwischen den Variablen "Born Global" und "Erfolg im Ausland" ausgedrückt.

**Kettengraphmodellierung Born Globals und Erfolg im Ausland**

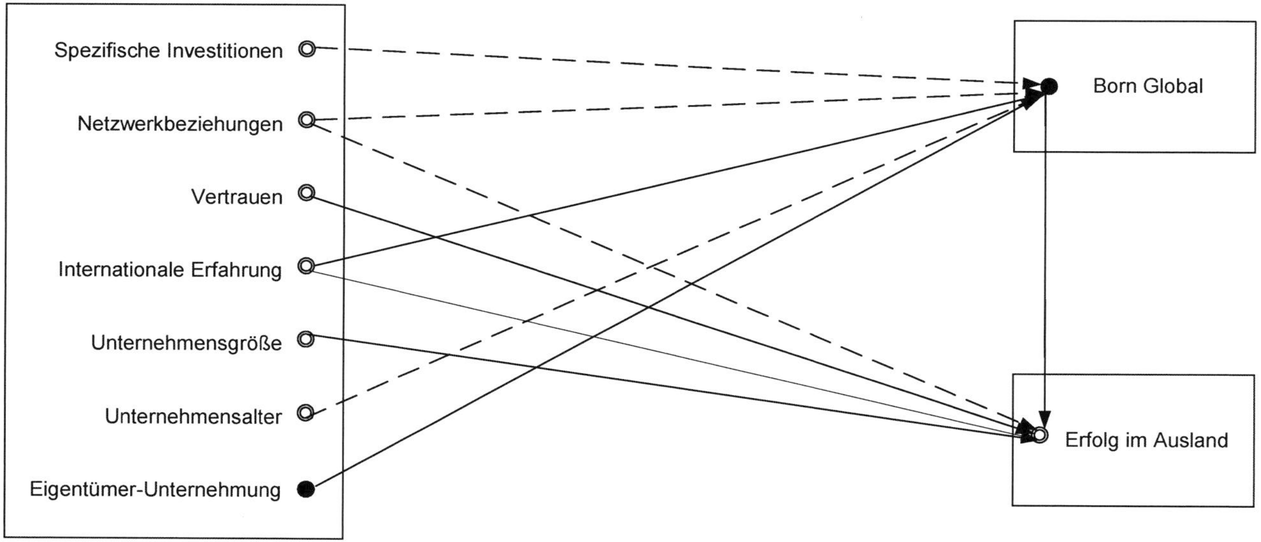


**Abbildung 1: Kettengraphmodellierung Born Globals und Erfolg im Ausland**

# 5 Schlussbetrachtung

Nachdem die statistischen Ergebnisse interpretiert und ausgewertet wurden, werden nachfolgend im Rahmen einer Abschlussbetrachtung die Ergebnisse der Arbeit zusammengefasst und einer kritischen Würdigung unterzogen.

Aufgrund des defizitären Forschungsstandes zum Phänomen der Born Globals und der Vernachlässigung der Fragestellung bezüglich der Determinanten, die zur Existenz von Born Globals führen, war es das Anliegen der Arbeit diese Prädiktoren zu bestimmen und den Erfolg von Born Globals im Auslandsmarkt zu analysieren.

Durch eine Erweiterung der Transaktionskostentheorie um das Konstrukt der strukturellen Embeddedness wurde eine theoretische Basis als Analyseinstrument zu Grunde gelegt, die bisher in diesem Forschungsbereich vernachlässigt wurde.

Die empirische Überprüfung der Hypothesen hat gezeigt, dass sich insbesondere die aufgestellten Zusammenhänge zwischen Spezifität, internationaler Erfahrung und der Existenz des Phänomens der Born Globals bewährt haben. Ebenso hat sich gezeigt, dass Born Globals bei der Auslandsmarktbearbeitung erfolgreicher als Unternehmen sind, die erst einige Jahre nach Unternehmensgründung internationalisieren. Hier wurde ein Erkenntnisbeitrag für die Existenz und den Erfolg des Phänomens der Born Globals geleistet.

Im Rahmen einer kritischen Würdigung ist zu beachten, dass in Anbetracht der erzielten theoretisch fundierten empirischen Ergebnisse eine Erweiterung der Transaktionskostentheorie durch den Bezugsrahmen der strukturellen Embeddedness nicht nur als vereinbar gilt, sondern eine Bereicherung für den Theorieansatz darstellt. So wurde eine theoretische Basis geschaffen, die der Kritik der Transaktionskostentheorie in Bezug auf das Phänomen der Born Globals explizit begegnet. Diese Arbeit leistet somit einen Beitrag zur Erweiterung des Forschungsstandes zum Phänomen der Born Globals. Dieser Beitrag resultiert zum einen aus der Analyse des Phänomens auf einer theoretischen Basis, die bislang keinen Einzug in die Veröffentlichungen gefunden hat, zum anderen werden empirische Ergebnisse erzielt, die bislang in der Forschung weitgehend vernachlässigt wurden. So wird ein Erkenntnisbeitrag zu den Prädiktoren, die zum Phänomen der Born Globals führen, geleistet und zudem der Erfolg von Born Globals im Auslandsmarkt theoretisch fundiert hergeleitet und empirisch gestützt.

Die Untersuchung zeigt jedoch Defizite bezüglich der Aussagen über das Vertrauen und das Konstrukt der Netzwerke. In Bezug auf das Vertrauen konnten keine signifikanten Ergebnisse erzielt werden. Ebenso sind die Ergebnisse bezüglich der Netzwerke nicht signifikant. Für die inländischen Netzwerke als Prädiktoren für die Existenz des Phänomens der Born Globals wurden sogar Ergebnisse entgegen der theoretischen Ableitung erzielt. In Bezug auf diese beiden Konstrukte besteht noch weiterer Forschungsbedarf, um detaillierte und aussagekräftigere Ergebnisse erzielen zu können.

Ebenso ist kritisch anzumerken, dass aufgrund der bei der Erhebung des Sekundärdatensatzes zu Grunde gelegten Methodik, nur Born Globals untersucht werden konnten, die eine Mitarbeiterzahl von 100 bis 1.000 Mitarbeitern aufweisen. Nimmt man eine steigende Mitarbeiterzahl als einen möglichen Erfolgsindikator für ein Start-up-Unternehmen an, so sind die in der Stichprobe befindlichen Unternehmen unter Umständen erfolgreicher, als die Born Globals, die über weniger als 100 Mitarbeiter verfügen. Kleinunternehmen mit bis zu 100 Mitarbeitern, die dem Phänomen der Born Globals folgen, finden keine Berücksichtigung in der Analyse. Zudem konnten nur etablierte Unternehmen betrachtet werden, die weiterhin am Markt sind. Unternehmen, die dem Phänomen der Born Globals gefolgt sind und mangels Erfolg aus dem Markt ausgeschieden sind, finden ebenso keine Berücksichtigung in der Stichprobe. Bei den Aussagen zum Erfolg von Born Globals sollten diese Anmerkungen kritisch berücksichtigt werden.

Die Ergebnisse der Arbeit sollen einen Anstoß für weitere Forschungsbemühungen in die Richtung des Phänomens der Born Globals vermitteln. Sie sollen einen Anreiz dazu geben, von den bisher dominierenden theoretischen Fundierungen vornehmlich durch die Uppsala Schule abzuweichen und alternative Theorien zur Analyse des Phänomens der Born Globals heranzuziehen. Gerade in Bezug auf die Konstrukte Netzwerke und Vertrauen besteht noch erheblicher Forschungsbedarf für die Zukunft. Die Integration von Netzwerktheorien in die theoretische Analyse ist somit von besonderer Wichtigkeit.

# Literaturverzeichnis


Aharoni, Y. (1966): The Foreign Direct Investment Process, Boston

Anderson, D. R./Sweeney, D. J./Williams, T. A. (1996): Statistics for business and Economics, 6. Aufl., St. Paul

Aspelund, A/Moen, O. (2001): A generation perspective on small firms' internationalization – from traditional exporters and flexible specialists to born globals, in: Advances in International Marketing, Vol. 11, S. 197-225

Bamberger, I./Wrona, T. (1997): Globalisierungsbetroffenheit und Anpassungsstrategien von Klein- und Mittelunternehmen, in: Zeitschrift für Betriebswirtschaftslehre, Vol. 67, H. 7, S. 713-735

Bassen, A./Behnam, M./Gilbert, D. U. (2001): Internationalisierung des Mittelstands. Ergebnisse einer empirischen Studie zum Internationalisierungsverhalten deutscher mittelständischer Unternehmen, in: Zeitschrift für Betriebswirtschaft, Vol. 71, Nr. 4, S. 413-432

Bell, J. (1995): The internationalization of small computer software firms, in: European Journal of Marketing, Vol. 29, Nr. 8, S. 60-75

Berekhoven, L./Eckert, W./Ellenrieder, P. (2002): Marktforschung – Methodische Grundlagen und praktische Anwendung, 9. überarb. Aufl., Wiesbaden

Bilkey, W. J. (1978): An attempted integration of the literature on the export behavior of firms, in: Journal of International Business Studies, Vol. 9, S. 33-46

Bilkey, W. J./Tesar, G. (1977): The Export Behaviour of Smaller-Sized Wisconcin Manufacturing Firms, in: Journal of International Business Studies, Vol. 8, Nr. 1, S. 93-98

Borsheim, J. H./Solberg, C. A. (2004): The Internationalization of Born Global Internet Firms, in: Paper presented at the 13th Nordic Conference on Small Business Research, Sandvika, Norway

Brouthers, K. D./Brouthers, L. E. (2003): Why Service and Manufacturing Entry Mode Choices Differ: The Influence of Transaction Cost Factors, Risk and Trust, in: Journal of Management Studies, Vol. 40, Nr. 5, S. 1179- 1204

Brouthers, K. D./Nakos, G. (2004): SME Entry Mode Choice and Performance: A Transaction Cost Perspective, in: Entrepreneurship: Theory & Practice, Vol. 28, Nr. 3, Spring 2004, S. 229-247

Brush, C. (1992): Factors motivating small firms to internationalize: The effect of firm age, Doctoral Dissertation, Boston University

Buckley, P. J./Casson, M. (1976): The Future of Multinational Enterprise, London: Macmillan

Buckley, P. J./Casson, M. (1979): The theory of international operation, in: European Research in International Business, North-Holland, Amsterdam

Buckley, P. J./Casson, M. (1985): The Economic Theory of the Multinational Enterprise, London: Macmillan

Buckley, P. J./Casson, M. (1993): Economics as an Imperialist Social Science, in: Human Relations, Vol. 46, Nr. 9, S. 1035-1052

Buckley, P. J./Casson, M. (1998): Analyzing foreign market entry strategies: Extending the internalization approach, in: Journal of International Business Studies, Vol. 29, Nr. 3, S. 539-561

Bühl, A./Zöfel, P. (2002): SPSS 11 – Einführung in die moderne Datenanalyse unter Windows, 8. überarb. u. erw. Aufl., München

Burgel, O./Murray, G. C. (2000): The international market entry choices of start-up companies in high-technology industries, in: Journal of International Marketing, Vol. 8, Nr. 2, S. 33-62

Cavusgil, S. T. (1980): On the internationalization process of firms, in: European Research, November 1980, S. 273-281

Coviello, N. E./McAuley, A. (1999): Internationalisation and the smaller firm: a review of contemporary empirical research, in: Management International Review, Vol. 39, Nr. 3, S. 223-256

Czinkota, M. R. (1982): Export Development Strategies: US Promotion Policies, New York: Praeger

Delios, A./Beamish, P. W. (1999): Ownership Strategy of Japanese Firms: Transactional, Institutional and Experience Influences, in: Strategic Management Journal, Vol. 20, S. 915-933

Dunning, J. H. (1977): Trade, location of economic activity and the MNE: A search for an electic approach, in: Ohlin, B./Hesselborn, P.O./Wijkman, W.M. (Hrsg.): The international allocation of economic activity, New York, S. 395-418

Dunning, J. H. (1979): Explaining changing patterns of international production: In defence of the electic theory, in: Oxford Bulletin of Economics and Statistics, Vol. 41, S. 269-295

Dunning, J. H. (1980): Toward an electic theory of international production: Some empirical tests, in: Journal of International Business Studies, Vol. 11, Nr. 1, S. 9-31

Dunning, J. H. (1988): The electic paradigm of international production: a restatement and some possible extension, in: Journal of International Business Studies, Spring 1988, S. 1-31

Dunning, J. H. (1993): Multinational Enterprises and the Global Economy. Addison Wesley: Boston, MA.

Dunning, J. H. (1995): Reappraising the electic paradigm in an age of alliance capitalism, in: Journal of International Business Studies, Vol. 26, Nr. 3, S. 461-491

Dunning, J. H. (2000): The electic paradigm as an envelope for economic business theories of MNE activity, in: International Business Review, Vol. 9, S. 163-190

Ebers, M./Gotsch, W. (2002): Institutionenökonomische Theorien der Organisation, in: Kieser, A. (Hrsg.): Organisationstheorien. 5. unv. Auflage, Stuttgart, S. 199-251

Erramilli, M. K./Rao, C. P. (1993): Service firms´ international entry-mode choice: A modified transaction-cost analysis approach., in: Journal of Marketing, Vol. 57, Nr. 3, S. 19-38

Fillis, I. (2001): Small firm internationalisation: an investigative survey and future research directions, in: Management Decision, Vol 39, Nr. 9, S. 767-783

Göbel, E. (2002): Neue Institutionenökonomik, Stuttgart

Granovetter, M. (1985): Economic Action and Social Structure: The Problem of Embeddedness, in: American Journal of Sociology, Vol. 91, Nr. 3, S. 481-510

Granovetter, M. (1992): Economic Institutions as Social Constructions: A Framework Analysis, in: Scandinavian Sociological Association, Vol. 35, S. 3-11

Gulati, R./Singh, H. (1998): The architecture of cooperatoin: Managing coordination costs and appropriation concerns in strategic alliances, in: Administrative Science Quarterly, Vol. 43, S. 781-814

Hashai, N./Almor, T. (2004): Gradually internationalizing "born global" firms: an oxymoron?, in: International Business Review, Vol. 13, S. 465-483

Johanson, J./Vahlne, J.-E. (1977) : The Internationalization Process of the Firm – A Model of Knowledge Development and Increasing Foreign Market Commitments, in : Journal of International Business Studies, Vol. 8, Nr.1, S. 23-32

Johanson, J./Vahlne, J.-E. (1990) : The mechanism of internationalisation, in : International Marketing Review, Vol.7, Nr. 4, S. 11-24

Johanson, J./Wiedersheim-Paul, F. (1975): The Internationalization of the Firm – Four Swedish Cases, in: The Journal of Management Studies, Vol. 12, Nr. 3, S. 305-322

Johnson, G./Scholes, K. (2002): Exploring Corporate Strategy, 6. Auflage

Kabst, R. (2000): Steuerung und Kontrolle internationaler Joint Venture: eine transaktionskostentheoretisch fundierte empirische Analyse, München und Mering

Kabst, R. (2004): Internationalisierung mittelständischer Unternehmen, München und Mering

Kaufmann, F. (1996): Internationalisierung durch Kooperation – Strategien für mittelständische Unternehmen, 2. Aufl., Iserlohn

Kieser, A./Walgenbach, P. (2003): Organisation, 4. überarb. und erw. Auflage, Stuttgart

Knight, G. A./Cavusgil, S. T. (1996): The Born Global firm: A challenge to traditional internationalization theory, in: Advances in International Marketing, Vol. 8, S. 11-26

Korhonen, H./Luostarinen, R./Welch, L. S. (1996): Internationalisation of SMEs: Inward-Outward Patterns and Government Policy, in: Management International Review, Vol. 36, H. 4, S. 315-329

Krafft, M. (2000): Logistische Regression, in: Herrmann, A./Homburg, C. (Hrsg.): Marktforschung, 2. aktual. Auflage, Wiesbaden, S. 237-264

Lau, H.-E. (1992): A New Theory for Small Low-Technology MNE?, in: European Journal of Marketing, Vol. 26, Nr. 10, S. 17-31

Leonidou, L/Katsikeas, C. (1996): The export development process: an integrative review of empirical models, in: Journal of International Business Studies, Vol. 27, Nr. 3, S. 517-551

Luostarinen R. (1994): Foreign Operations of Finnish Industrial Firms, Helsinki: Helsinki School of Economics

Madsen, T. K./Servais, P. (1997): The internationalization of born globals: an evolutionary process?, in: International Business Review, Vol. 6, Nr. 6, S. 561-583

McDougall, P. P./Oviatt, B. M. (1996): New venture internationalization, strategic change, and performance: a follow-up study, in: Journal of Business Venturing, Vol. 11, Nr. 1, S. 23-40

McDougall, P. P./Shane, S./Oviatt, B. M. (1994): Explaining the formation of international new ventures: The limits of theories from international business research, in: Journal of Business Venturing, Vol. 9, S. 469-487

Moen, O. (2002): The born globals: a new generation of small European exporters, in: International Marketing Review, Vol. 19, Nr. 2, S. 156-175

Oviatt, B. M./McDougall, P. P. (1994): Toward a Theory of International New Ventures, in: Journal of Intenational Business Studies, Nr.3, S. 30-44

Oviatt, B. M./McDougall, P. P. (1995): Global start-ups: Entrepreneurs on a worldwide stage, in Academy of Management Executive, Vol. 9, Nr. 2, S. 30-44

Oviatt, B. M./McDougall, P. P. (1997): Challenges for internationalization process theory: the ease of international new ventures, in: Management International Review, Vol. 37, Nr. 2, S. 85-99

Perlitz, M. (2000): Internationales Management, 4. bearb. Aufl., Stuttgart

Picot, A./Dietl, H. (1990): Transaktionskostentheorie, in: WiSt Wirtschaftswissenschaftliches Studium, H. 4, S. 178-184

Picot, A./Dietl, H./Franck, E. (2002): Organisation: eine ökonomische Perspektive, 3. überarb. und erw. Auflage, Stuttgart

Porter, M. E. (1989): Wettbewerbsvorteile: Spitzenleistungen erreichen und behaupten, New York, Frankfurt a.M.

Rasmussen, E. S./Madsen, T. K./Evangelista, F. (2001): The founding of the born global company in Denmark and Australia: sensmaking and networking, in: Asia Pacific Journal of Marketing and Logistics, Vol. 13, Nr. 3, S. 75-107

Rauch, J. E. (2001): „Business and Social Networks in International Trade“, in: Journal of Economic Literature, Vol. 39, S. 1177-1203

Reid, S. D. (1981): The Decision-Maker and Export Entry and Expansion, in: Journal of International Business Studies, Nr. 3, S. 101-112

Rennie, M. (1993): Global competitiveness: born global, in: McKinsey Quarterly, Vol. 4, S. 45-52

Rialp, A./Rialp, J. (2001): Conceptual frameworks on SMEs′ internationalization: past, present and future trends of research, in: Advances in International Marketing, Vol. 11, S. 49-78

Rialp, A./Rialp, J./Knight, G. A.(2003): The Phenomenon Of International New Ventures, Global Start-Ups, And Born Globals: What Do We know After A Decade (1993-2002) Of Exhaustive Scientific Inquiry?,
Download von: http://www.aueb.gr/deos/EIBA2002.files/PAPERS/S.1.pdf

Richter, R. (2001): New Economic Sociology and New Institutional Economics, in: Paper presented at the 5th Annual Conference of the International Society for New Institutional Economics at the University of California, Berkeley

Richter, R. (2002): On the Social Structure of Markets: A Survey of Some Sociological Arguments, Paper presented at the 6th Annual Conference of the International Society for New Institutional Economics at MIT, Cambridge/Massachusetts

Roberts, E. B./Senturia, T. A. (1996): Globalizing the emerging high-technology company, in: Industrial Marketing Management, Vol. 25, S. 491-506

Rooks, G./Raub, W./Selten, R./Tazelaar, F. (2000): How Inter-firm Co-operation Depends on Social Embeddedness: A Vignette Study, in: Acta Sociologica, Vol. 43, S. 123-137

Sharma, D. D./Blomstermo, A. (2003): The internationalization process of Born Globals: a network review, in: International Business Review, Vol. 12, S. 739-753

Shrader, R. C./Oviatt, B. M./McDougall, P. P. (2000): How new ventures exploit trade-offs among international risk factors: lessons for accelerated intenationalization fo the 21st century, in: Academy of Management Journal, Vol. 43, Nr. 6, S. 1227-1247

Skiera, B./Albers, S. (2000): Regressionsanalyse, in: Herrmann, A./Homburg, C. (Hrsg.): Marktforschung, 2. aktual. Auflage, Wiesbaden, S. 203-236

Welch, L. S./Luostarinen, R. (1988): Internationalization: Evolution of a Concept, in: Journal of General Management, Vol.14, Nr. 2, S. 34-55

Wheeler, C./Jones, M./Young, S. (1996): Market entry modes and channels of distribution in the UK machine tool industry, in: European Journal of Marketing, Vol. 30, Nr. 4, S. 40-57

Williamson, O. E. (1975): Markets and Hierarchies: Analysis and Antitrust Implications, New York

Williamson, O. E. (1985): The Economic Institutions of Capitalism: Firms, Markets, Relational Contracting, New York

Williamson, O. E. (1991): Comparative economic organization: The analysis of discrete structural alternatives., in: ASQ, Vol. 36, S. 269-296

Williamson, O. E. (1992): Markets, Hierarchies and the Modern Corporation: An Unfolding Perspective, in: Journal of Economic Behavior and Organization, Vol.17, S. 335-352

Williamson, O. E. (1996): The Mechanisms of Governance, Oxford

Williamson, O. E. (1999): Strategy Research: Governance and Competence Perspectives, in: Strategic Management Journal, Vol. 20, S. 1087-1108

Yip, G. S./Biscarri, J. G./Monti, J. A. (2000): The role of internationalization process in the performance of newly internationalizing firms, in: Journal of International Marketing, Vol. 8, Nr. 3, S. 10-35

Zafarullah, M./Ali, M./Young, S. (1998): The Internationalization of the Small Firm in Developing Countries-Exploratory Research from Pakistan, in: Journal of Global Marketing, Vol. 11, Nr. 3, S. 21-40

Zou,S./Stan, S.(1998): The determinants of export performance: a review of the empirical literature between 1987 and 1997, in: International Marketing Review, Vol. 15, Nr. 5, S. 333-356

# AUSGEWÄHLTE VERÖFFENTLICHUNGEN

EUL VERLAG

## FGF ENTREPRENEURSHIP-RESEARCH MONOGRAPHIEN

Herausgegeben von Prof. Dr. Heinz Klandt, Oestrich-Winkel, Prof. Dr. Dr. h. c. Norbert Szyperski, Köln, Prof. Dr. Michael Frese, Gießen, Prof. Dr. Josef Brüderl, Mannheim, Prof. Dr. Rolf Sternberg, Hannover, Prof. Dr. Ulrich Braukmann, Wuppertal, und Prof. Dr. Lambert T. Koch, Wuppertal

Band 14
Thomas C. Knecht
**Universitäten als Inkubatororganisationen für innovative Spin-off Unternehmen** – Ein theoretischer Bezugsrahmen und die Ergebnisse einer empirischen Bestandsaufnahme in Bayern
Köln – Dortmund – Oestrich-Winkel 1998 • 232 S. • € 34,- (D)

Band 15
Heinz Klandt/Susanne Kirchhoff-Kestel/Jochen Struck
**Zur Wirkung der Existenzgründungsförderung auf junge Unternehmen** – Eine vergleichende Analyse geförderter und nicht-geförderter Unternehmen
Köln – Dortmund – Oestrich-Winkel 1998 • 285 S. • € 38,- (D)

Band 16
Heinz Friedrich Driescher
**Erfolgsfaktoren im Produktions- und Absatzbereich junger Unternehmen** – Eine empirische Analyse der Gründungs- und Frühentwicklungsphase
Köln – Dortmund – Oestrich-Winkel 1999 • 472 S. • € 41,- (D)

Band 18
Heinz Klandt/Diane Wingham (Eds.)
**IntEnt95 – Internationalizing Entrepreneurship Education and Training** – Proceedings of the IntEnt-Conference Edith Cowan University, Perth/Bunbury, Australia, June 25-28, 1995
Lohmar – Köln 2001 • 348 S. • € 48,- (D) • ISBN 3-89012-834-3

Band 19
Heinz Klandt (Ed.)
**IntEnt96 – Internationalizing Entrepreneurship Education and Training** – Proceedings of the IntEnt-Conference Stichting Gelderse Hogescholen, Arnhem/University of Nijmegen, Netherlands, June 23-26, 1996
Lohmar – Köln 2001 • 392 S. • € 49,- (D) • ISBN 3-89012-835-1

Band 20
Heinz Klandt/Klaus Nathusius/Norbert Szyperski/A. Heinrike Heil (Hrsg.)
**G-Forum 1999 – Dokumentation des 3. Forums Gründungsforschung** – Köln, 8. Oktober 1999
Lohmar – Köln 2000 • 492 S. • € 51,- (D) • ISBN 3-89012-764-9

Band 22
Michael Grulms
**Marketing in neugegründeten Unternehmen** – Eine empirische Analyse des Existenzgründer-Trainings „ExTra!®“
Lohmar – Köln 2000 • 296 S. • € 43,- (D) • ISBN 3-89012-791-6

Band 23
Peter Güllmann
**Die Rolle des Staates bei der Mobilisierung von (privatem) Risikokapital im Seed- und Start-up-Segment** – Am Beispiel von Deutschland, Großbritannien und den Niederlanden
Lohmar – Köln 2000 • 428 S. • € 49,- (D) • ISBN 3-89012-812-2

Band 24
Heinz Klandt (Ed.)
**IntEnt98 – Internationalizing Entrepreneurship Education and Training** – Proceedings of the IntEnt-Conference European Business School, Schloß Reichartshausen, Germany, July 27-29, 1998
Lohmar – Köln 2001 • 478 S. • € 51,- (D) • ISBN 3-89012-836-X

Band 25
Asko Miettinen and Heinz Klandt (Eds.)
**IntEnt2000 – Internationalizing Entrepreneurship Education and Training** – Proceedings of the IntEnt-Conference Tampere University of Technology, Finland, July 10-12, 2000
Lohmar – Köln 2001 • 368 S. • € 49,- (D) • ISBN 3-89012-837-8

Band 26
Heinz Klandt/Klaus Nathusius/Josef Mugler/A. Heinrike Heil (Hrsg.)
**Gründungsforschungs-Forum 2000 – Dokumentation des 4. G-Forums** – Wien, 5./6. Oktober 2000
Lohmar – Köln 2001 • 584 S. • € 56,- (D) • ISBN 3-89012-850-5

Band 27
Stefan Lilischkis
**Förderung von Unternehmensgründungen aus Hochschulen** – Eine Fallstudie der University of Washington (Seattle) und der Ruhr-Universität Bochum
Lohmar – Köln 2001 • 364 S. • € 49,- (D) • ISBN 3-89012-860-2

Band 28
Jörg Roling
**Venture Capital und Innovation** – Theoretische Zusammenhänge, empirische Befunde und wirtschaftspolitische Implikationen
Lohmar – Köln 2001 • 284 S. • € 44,- (D) • ISBN 3-89012-902-1

Band 29
Alexandra Schmidt-Buchholz
**Born globals** – Die schnelle Internationalisierung von High-tech Start-ups
Lohmar – Köln 2001 • 330 S. • € 46,- (D) • ISBN 3-89012-903-X

Band 30
Cecile Nieuwenhuizen and Heinz Klandt (Eds.)
**IntEnt2001 – Internationalizing Entrepreneurship Education and Training** – Proceedings of the IntEnt-Conference Technikon SA, Kruger National Park, South Africa, July 2-4, 2001
Lohmar – Köln 2002 • 502 S. • € 62,- (D) • ISBN 3-89012-972-2

Band 31
Heiko Karcher
**Multimediaunternehmen** – Standortvoraussetzungen und Standortwahl in Deutschland
Lohmar – Köln 2002 • 148 S. • € 37,- (D) • ISBN 3-89012-997-8

Band 32
Heinz Klandt und Hermann Weihe (Hrsg.)
**Gründungsforschungs-Forum 2001 – Dokumentation des 5. G-Forums** – Lüneburg, 4./5. Oktober 2001
Lohmar – Köln 2002 • 444 S. • € 57,- (D) • ISBN 3-89936-024-9

Band 33
Ulrich Faisst
**Performance Measurement in Corporate Venturing**
Lohmar – Köln 2002 • 246 S. • € 45,- (D) • ISBN 3-89936-045-1

Band 34
Alexander Keßler
**Unternehmensgründungen in europäischen Transformationsländern** – Dargestellt am Beispiel der Tschechischen Republik
Lohmar – Köln 2003 • 330 S. • € 49,- (D) • ISBN 3-89936-080-X

Band 35
Friedrich Kugler
Unter Mitarbeit von Nina Rosenbusch und Jörg Möller
**Erfolgsfaktoren und Erfolgsmuster von Unternehmensgründungen** – Eine empirische Analyse aus Südthüringen
Lohmar – Köln 2003 • 258 S. • € 47,- (D) • ISBN 3-89936-021-4

Band 36
Heinz Klandt and Ahmad Zaki Abu Bakar (Eds.)
**IntEnt2002 – Internationalizing Entrepreneurship Education and Training** – Proceedings of the IntEnt-Conference Johore Bahru, Malaysia, July 8-10, 2002
Lohmar – Köln 2003 • 384 S. • € 54,- (D) • ISBN 3-89936-133-4

Band 37
Gideon Joffe
**Entstehung und Entwicklung des Unternehmertums in der VR China** – und sein Einfluß auf Transformation und Demokratisierung
Lohmar – Köln 2003 • 230 S. • € 45,- (D) • ISBN 3-89936-175-X

Band 38
Christian Ege
**Unterstützungsnetzwerke für forschungsnahe Unternehmens-gründungen**
Lohmar – Köln 2004 • 288 S. • € 48,- (D) • ISBN 3-89936-187-3

Band 39
Christian E. Schmitz
**Zur Entwicklung des Unternehmerbegriffs**
Lohmar – Köln 2004 • 106 S. • € 33,- (D) • ISBN 3-89936-195-4

Band 40
Enrico Purle
**Management von Komplexität in jungen Wachstumsunternehmen –**
Eine fallstudiengestützte Analyse
Lohmar – Köln 2004 • 388 S. • € 55,- (D) • ISBN 3-89936-196-2

Band 41
Holger Berg
**Evolution der Gründungsunternehmung im Lichte des Resource-Based View**
Lohmar – Köln 2004 • 136 S. • € 36,- (D) • ISBN 3-89936-214-4

Band 42
Ilona Ebbers
**Wirtschaftsdidaktisch geleitete Unternehmenssimulation im Rahmen der Förderung von Existenzgründungen aus Hochschulen**
Lohmar – Köln 2004 • 306 S. • € 49,- (D) • ISBN 3-89936-224-1

Band 43
Roland Castringius
**Regionale Gründungsförderung**
Lohmar – Köln 2004 • 356 S. • € 54,- (D) • ISBN 3-89936-247-0

Band 44
Sascha Kraus
unter Mitwirkung von Carl Henning Reschke
**Evolutionäres Strategisches Management von Gründungsunternehmen**
Lohmar – Köln 2004 • 132 S. • € 36,- (D) • ISBN 3-89936-255-1

Band 45
Christian Lendner
**Organisationsmodell und Erfolgsfaktoren von Hochschulinkubatoren –**
Eine internationale Studie
Lohmar – Köln 2004 • 240 S. • € 46,- (D) • ISBN 3-89936-280-2

Band 46
Christian Schütz
**Exitstrategien von Business Angels**
Lohmar – Köln 2004 • 430 S. • € 57,- (D) • ISBN 3-89936-283-7

Band 47
Stefan Roskos
**The Influence of Entrepreneurial and Market Orientation on the Degree of Innovation and Success of New Ventures in Technology-Oriented Industries**
Lohmar – Köln 2005 • 478 S. • € 62,- (D) • ISBN 3-89936-312-4

Band 48
Rouven Westphal
**Kundennutzen und Auswirkungen von Business Angels-Netzwerken** – Eine empirische Analyse
Lohmar – Köln 2005 • 332 S. • € 53,- (D) • ISBN 3-89936-335-3

Band 49
Robert B. Mellor
**Achieving Enterprise** – Teaching Entrepreneurship and Innovation in Business and Academia
Lohmar – Köln 2005 • 164 S. • € 42,- (D) • ISBN 3-89936-338-8

Band 50
Felix-Michael Weber
**Der Einfluss der Postgründer-Generation auf die Performance** – Eine empirische Analyse deutscher und österreichischer Familienunternehmen
Lohmar – Köln 2005 • 254 S. • € 47,- (D) • ISBN 3-89936-353-1

Band 51
Stefanie Pesch
**Wirtschaftliche Wirkungen von öffentlichen Förderprogrammen für Existenz- und Unternehmensgründungen in Deutschland**
Lohmar – Köln 2005 • 286 S. • € 48,- (D) • ISBN 3-89936-367-1

Band 52
Michael A. Seidel
Unter Mitarbeit von Thomas Hack
**Von der Arbeitslosigkeit in die Selbständigkeit** – Evaluation eines Modellprojekts zur Gründerberatung
Lohmar – Köln 2005 • 294 S. • € 49,- (D) • ISBN 3-89936-390-6

Band 53
Christian King
**Erfolgreiche Marketingstrategien für innovative technologieorientierte Unternehmensgründungen**
Lohmar – Köln 2006 • 356 S. • € 54,- (D) • ISBN 3-89936-444-9

Band 54
Christian Schwens
**Internationalisierung mittelständischer Unternehmen** – Eine empirische Analyse unter Berücksichtigung von Born Globals
Lohmar – Köln 2006 • 78 S. • € 32,- (D) • ISBN 3-89936-473-2

## Weitere Schriftenreihen:

### UNIVERSITÄTS-SCHRIFTENREIHEN

**- Reihe: Steuer, Wirtschaft und Recht**
Herausgegeben von vBP StB Prof. Dr. Johannes Georg Bischoff, Wuppertal, Dr. Alfred Kellermann, Vorsitzender Richter (a. D.) am BGH, Karlsruhe, Prof. (em.) Dr. Günter Sieben, Köln, und WP StB Prof. Dr. Norbert Herzig, Köln

**- Reihe: Rechnungslegung und Wirtschaftsprüfung**
Herausgegeben von Prof. (em.) Dr. Dr. h. c. Jörg Baetge, Münster, Prof. Dr. Hans-Jürgen Kirsch, Münster, und Prof. Dr. Stefan Thiele, Wuppertal

**- Reihe: Informationsmanagement und Unternehmensführung – Schriften des IMU, Universität Osnabrück**
Herausgegeben von Prof. Dr. Uwe Hoppe, Prof. Dr. Bodo Rieger, Jun.-Prof. Dr. Frank Teuteberg und Prof. Dr. Thomas Witte

**- Reihe: Controlling**
Herausgegeben von Prof. Dr. Volker Lingnau, Kaiserslautern, und Prof. Dr. Albrecht Becker, Innsbruck

**- Reihe: Planung, Organisation und Unternehmungsführung**
Herausgegeben von Prof. Dr. Dr. h. c. Norbert Szyperski, Köln, Prof. Dr. Winfried Matthes, Wuppertal, Prof. Dr. Udo Winand, Kassel, Prof. (em.) Dr. Joachim Griese, Bern, PD Dr. Harald von Kortzfleisch, Kassel, Prof. Dr. Ludwig Theuvsen, Göttingen, und Prof. Dr. Andreas Al-Laham, Stuttgart

**- Reihe: Wirtschaftsinformatik**
Herausgegeben von Prof. Dr. Dietrich Seibt, Köln, Prof. Dr. Hans-Georg Kemper, Stuttgart, Prof. Dr. Georg Herzwurm, Stuttgart, Prof. Dr. Dirk Stelzer, Ilmenau, und Prof. Dr. Detlef Schoder, Köln

**- Reihe: Schriften zu Kooperations- und Mediensystemen**
Herausgegeben von Prof. Dr. Volker Wulf, Siegen, Prof. Dr. Jörg Haake, Hagen, Prof. Dr. Thomas Herrmann, Dortmund, Prof. Dr. Helmut Krcmar, München, Prof. Dr. Johann Schlichter, München, Prof. Dr. Gerhard Schwabe, Zürich, und Prof. Dr.-Ing. Jürgen Ziegler, Duisburg

**- Reihe: Telekommunikation @ Medienwirtschaft**
Herausgegeben von Prof. Dr. Dr. h. c. Norbert Szyperski, Köln, Prof. Dr. Udo Winand, Kassel, Prof. Dr. Dietrich Seibt, Köln, Prof. Dr. Rainer Kuhlen, Konstanz, Dr. Rudolf Pospischil, Bonn, Prof. Dr. Claudia Löbbecke, Köln, und Prof. Dr. Christoph Zacharias, Köln

**- Reihe: Electronic Commerce**
Herausgegeben von Prof. Dr. Dr. h. c. Norbert Szyperski, Köln, Prof. Dr. Beat F. Schmid, St. Gallen, Prof. Dr. Dr. h. c. August-Wilhelm Scheer, Saarbrücken, Prof. Dr. Günther Pernul, Regensburg, Prof. Dr. Stefan Klein, Münster, Prof. Dr. Detlef Schoder, Köln, und Prof. Dr. Tobias Kollmann, Essen

**- Reihe: E-Learning**
Herausgegeben von Prof. Dr. Dietrich Seibt, Köln, Prof. Dr. Freimut Bodendorf, Nürnberg, Prof. Dr. Dieter Euler, St. Gallen, und Prof. Dr. Udo Winand, Kassel

**- Reihe: InterScience Reports**
Herausgegeben von Prof. Dr. Dr. h. c. Norbert Szyperski, Köln, PD Dr. Harald F. O. von Kortzfleisch, Kassel, und Prof. Dr. Dietrich Seibt, Köln

**- Reihe: Venture Capital und Investment Banking,** Neue Folge
Herausgegeben von Prof. Dr. Klaus Nathusius

**- Reihe: Technologiemanagement, Innovation und Beratung**
Herausgegeben von Prof. Dr. Dr. h. c. Norbert Szyperski, Köln, vBP StB Prof. Dr. Johannes Georg Bischoff, Wuppertal, und Prof. Dr. Heinz Klandt, Oestrich-Winkel

**- Reihe: Kleine und mittlere Unternehmen**
Herausgegeben von Prof. Dr. Jörn-Axel Meyer, Flensburg

- **Reihe: Wissenschafts- und Hochschulmanagement**
  Herausgegeben von Prof. Dr. Detlef Müller-Böling, Gütersloh, und Prof. Dr. Reinhard Schulte, Lüneburg
- **Reihe: Personal, Organisation und Arbeitsbeziehungen**
  Herausgegeben von Prof. Dr. Fred G. Becker, Bielefeld, Prof. (em.) Dr. Jürgen Berthel †, Siegen, und Prof. Dr. Walter A. Oechsler, Mannheim
- **Reihe: Forum Finanzwissenschaft und Public Management**
  Herausgegeben von Prof. Dr. Kurt Reding, Kassel, und PD Dr. Walter Müller, Kassel
- **Reihe: Finanzierung, Kapitalmarkt und Banken**
  Herausgegeben von Prof. Dr. Hermann Locarek-Junge, Dresden, Prof. Dr. Klaus Röder, Regensburg, und Prof. Dr. Mark Wahrenburg, Frankfurt
- **Reihe: Marketing**
  Herausgegeben von Prof. Dr. Heribert Gierl, Augsburg, Prof. Dr. Roland Helm, Jena, Prof. Dr. Frank Huber, Mainz, und Prof. Dr. Henrik Sattler, Hamburg
- **Reihe: Marketing, Handel und Management**
  Herausgegeben von Prof. Dr. Rainer Olbrich, Hagen
- **Reihe: Kundenorientierte Unternehmensführung**
  Herausgegeben von Prof. Dr. Hendrik Schröder, Essen
- **Reihe: Produktionswirtschaft und Industriebetriebslehre**
  Herausgegeben von Prof. Dr. Jörg Schlüchtermann, Bayreuth
- **Reihe: Europäische Wirtschaft**
  Herausgegeben von Prof. Dr. Winfried Matthes, Wuppertal
- **Reihe: Katallaktik – Quantitative Modellierung menschlicher Interaktionen auf Märkten**
  Herausgegeben von Prof. Dr. Otto Loistl, Wien, und Prof. Dr. Markus Rudolf, Koblenz
- **Reihe: Quantitative Ökonomie**
  Herausgegeben von Prof. Dr. Eckart Bomsdorf, Köln, Prof. Dr. Wim Kösters, Bochum, und Prof. Dr. Winfried Matthes, Wuppertal
- **Reihe: Internationale Wirtschaft**
  Herausgegeben von Prof. Dr. Manfred Borchert, Münster, Prof. Dr. Gustav Dieckheuer, Münster, und Prof. Dr. Paul J. J. Welfens, Wuppertal
- **Reihe: Industrieökonomik**
  Herausgegeben von Prof. Dr. Frank C. Englmann, Stuttgart, Prof. Dr. Mathias Erlei, Clausthal, Prof. Dr. Ulrich Schwalbe, Hohenheim, und Prof. Dr. Bernd Woeckener, Stuttgart
- **Reihe: Studien zur Dynamik der Wirtschaftsstruktur**
  Herausgegeben von Prof. Dr. Heinz Grossekettler, Münster
- **Reihe: Versicherungswirtschaft**
  Herausgegeben von Prof. (em.) Dr. Dieter Farny, Köln, und Prof. Dr. Heinrich R. Schradin, Köln
- **Reihe: Wirtschaftsgeographie und Wirtschaftsgeschichte**
  Herausgegeben von Prof. Dr. Ewald Gläßer, Köln, Prof. Dr. Josef Nipper, Köln, Dr. Martin W. Schmied, Köln, und Prof. Dr. Günther Schulz, Bonn
- **Reihe: Wirtschafts- und Sozialordnung: FRANZ-BÖHM-KOLLEG – Vorträge und Essays**
  Herausgegeben von Prof. Dr. Bodo B. Gemper, Siegen
- **Reihe: WISO-Studientexte**
  Herausgegeben von Prof. Dr. Eckart Bomsdorf, Köln, und Prof. (em.) Dr. Dr. h. c. Dr. h. c. Josef Kloock, Köln

**- Reihe: Europäisches Wirtschaftsrecht**
Herausgegeben von Prof. Dr. Dieter Krimphove, Paderborn

**- Reihe: Rechtswissenschaft**

**FACHHOCHSCHUL-SCHRIFTENREIHEN**

**- Reihe: Institut für betriebliche Datenverarbeitung (IBD) e. V. im Forschungsschwerpunkt Informationsmanagement für KMU**
Herausgegeben von Prof. Dr. Felicitas Albers, Düsseldorf

**- Reihe: FH-Schriften zu Marketing und IT**
Herausgegeben von Prof. Dr. Doris Kortus-Schultes, Mönchengladbach, und Prof. Dr. Frank Victor, Gummersbach

**- Reihe: Medienmanagement**
Herausgegeben von Prof. Dr. Thomas Breyer-Mayländer, Offenburg

**- Reihe: FuturE-Business**
Herausgegeben von Prof. Dr. Michael Müßig, Würzburg-Schweinfurt

**- Reihe: Controlling-Forum – Wege zum Erfolg**
Herausgegeben von Prof. Dr. Jochem Müller, Ansbach

**- Reihe: Unternehmensführung und Controlling in der Praxis**
Herausgegeben von Prof. Dr. Thomas Rautenstrauch, Bielefeld

**- Reihe: Economy and Labour**
Herausgegeben von EUR ING Prof. Dr.-Ing. Hans-Georg Nollau MBCS, Regensburg

**- Reihe: Institut für Regionale Innovationsforschung (IRI)**
Herausgegeben von Prof. Dr. Rainer Voß, Wildau

**- Reihe: Interkulturelles Medienmanagement**
Herausgegeben von Prof. Dr. Edda Pulst, Gelsenkirchen

**PRAKTIKER-SCHRIFTENREIHEN**

**- Reihe: Transparenz im Versicherungsmarkt**
Herausgegeben von *ASSEKURATA* GmbH, Köln

**- Reihe: Betriebliche Praxis**
Herausgegeben von vBP StB Prof. Dr. Johannes Georg Bischoff, Wuppertal

**- Reihe: Regulierungsrecht und Regulierungsökonomie**
Herausgegeben von Piepenbrock ♦ Schuster, Düsseldorf